U0148563

小姐妹

卡通徽标

《Coreldraw插画创作技法》
实例效果展示

发光字

音乐女孩

精灵

日出美景

情人节插画

海滨风景

年画

潇洒女孩

帅气男孩

女孩写真

爱心

CorelDRAW
插画创作技法

◎ 达分奇工作室　编著

清华大学出版社
北　京

内 容 简 介

本书从 CorelDRAW 插画创作的实际应用角度出发，本着易学易用的特点，从零起点学习插画创作，通过大量实战应用案例的学习，全面、系统地介绍了 CorelDRAW 插画创作的基本步骤与应用技巧。

全书共为 10 章，对 CorelDRAW 在插画创作方面的基本操作和技法进行了全面详细的介绍。本书从基础知识入手，引导读者逐步学习 CorelDRAW X4 简单插画图形的绘制、复杂插画图形的绘制、插画色彩的应用、插画中文字的应用、绘制夸张类人物插画、绘制写实类人物插画、绘制卡通类插画以及绘制风景类插画等实例。在讲述过程中，一步一步地指导读者学习创作插画作品的基本技能，使读者快速掌握 CorelDRAW X4 强大的绘图功能。

本书内容翔实，实例丰富，图文并茂，可供从事动漫创作、插画创作和网络游戏制作的读者学习使用，也可供没有基础但又想快速掌握 CorelDRAW X4 创作动漫的读者自学使用，还可作为动漫培训班、职业院校以及大中专院校动漫和艺术类专业学生的参考用书。

图书在版编目（CIP）数据

CorelDRAW 插画创作技法/达分奇工作室编著. —北京：清华大学出版社，2011.1
（动漫梦工场）

ISBN 978-7-302-21551-6

I. ①C…　II. ①达…　III. ①图像软件，CorelDRAW　IV. ①TP391.41

中国版本图书馆 CIP 数据核字（2009）第 220147 号

责任编辑：朱英彪　朱　俊
封面设计：张　岩
版式设计：魏　远
责任校对：柴　燕
责任印制：王秀菊

出版发行：清华大学出版社		地　　址：北京清华大学学研大厦 A 座		
http://www.tup.com.cn		邮　　编：100084		
社　总　机：010-62770175		邮　　购：010-62786544		
投稿与读者服务：010-62776969，c-service@tup.tsinghua.edu.cn				
质量反馈：010-62772015，zhiliang@tup.tsinghua.edu.cn				

印　刷　者：北京鑫丰华彩印有限公司
装　订　者：三河市金元印装有限公司
经　　销：全国新华书店
开　　本：185×260　印　张：21.75　彩　插：1　字　数：503 千字
　　　　　（附 DVD 光盘 1 张）
版　　次：2011 年 1 月第 1 版　　印　　次：2011 年 1 月第 1 次印刷
印　　数：1～5000
定　　价：53.80 元

产品编号：031180-01

| 动漫梦工场 | CorelDRAW
插画创作技法 |

插画创作简介

插画是视觉艺术的一种形式，它隶属于现代实用美术，有着自身的审美特征，如目的性与制约性、实用性与通俗性、形象性与直观性、审美性与趣味性以及创造性与艺术想象等。随着社会的发展，我国的插画创作市场发展得非常快，现在已经有大量独立的插画产品在市场上销售，如插画图书、杂志和插画贺卡等。另一方面，插画作为视觉传达体系（包括平面设计、插画和商业摄影）的一部分，广泛地被应用于平面广告、海报和封面等设计中。

CorelDRAW简介

CorelDRAW是Corel公司最新推出的一款功能强大、用途广泛的图形软件。它能够让用户轻松地完成专业图形的绘制、排版和数字图像编辑等工作。其新增的功能、市场领先的文件兼容性以及高质量的内容可帮助用户快速地将创意变为专业作品，从而制作出与众不同的徽标和标志、引人注目的营销材料以及令人赏心悦目的Web图形。CorelDRAW真正实现了超强设计能力、高效率和易用性的完美结合，因此受到了世界各地众多用户的信赖。其用户群分布非常广泛，从专业的设计人员到业余的图形处理爱好者，再到学生和教师，这是其他同类软件所不能相比的。

本书内容特色

本书是专门为热爱插画创作的朋友精心打造的，从CorelDRAW插画创作的实际应用角度出发，本着易学易用的特点，采用学练结合的方式讲解插画创作，通过对大量实战应用实例的学习，读者可以直观地学习到在电脑上进行插画创作的方法和创意理念。

★ 专业视角

本书由国内资深的插画创作专家和专门从事CorelDRAW插画创作培训的高级培训师精心编著，目的是为了培养读者专业优秀的插画创作能力。

★ 讲解主线

以零基础创作者快速入门的最佳流程为讲解主线，首先引导读者练习进行插画创作必须具备的技能，如绘制简单插画图形、插画色彩应用和在插画中应用文字等；然后再让读者进行综合性的插画创作练习，如绘制夸张类人物插画、绘制写实类人物插画和绘制卡通类插画等，这种由浅入深的讲解方式更利于读者学习插画创作。

⭐ 结构新颖

本书将每章分为两个部分，分别为"要点导读"和"案例解析"。编者在"要点导读"中提炼了CorelDRAW软件的使用要点，只讲实用的、常用的软件操作技巧；然后在"案例解析"中精心挑选了最具代表性的插画创作实例来进行讲解，使读者在练习实例制作的过程中能轻松掌握插画创作的基本技能。

⭐ 实例经典

本书精心挑选的20个典型插画实例，涵盖了插画创作的各个方面。通过对这些作品的学习，读者能够快速掌握运用CorelDRAW进行插画创作的各种技巧。

⭐ 直观易懂

在讲解插画实例时基本做到了每个步骤对应一张图片，以方便读者轻松完成各种难易程度的操作，提高读者的实际操作能力。

⭐ 提升技能

在每个实例讲解结束后特意安排了"举一反三"部分，由读者独立完成该部分的实例制作，以提升软件操作技能，拓展插画的创作理念。

适用读者群

1．准备学习或者正在学习CorelDRAW插画创作的初学者，书中大量的操作技巧可以快速加深其运用软件的熟练程度。

2．对CorelDRAW插画创作有一定的了解，但缺少实际应用的读者，可以通过练习本书提供的插画创作实例快速提高其实际应用水平。

3．在校学生、希望今后能够从事插画创作的读者。

4．插画创作行业的读者。

配套光盘

为了方便读者边学边练，本书还配有一张素材光盘，收录了书中所有实例图片的线稿，以及创作所需的素材图片，以方便读者在练习中随时使用。另外，还录制了部分实例进行视频教学。合理利用本书的光盘，能有效缩减读者学习时所用的时间。

本书编写团队

本书由达分奇工作室编著，参与本书编写的人员有邱雅莉、王政、李勇、牟正春、鲁海燕、杨仁毅、邓春华、唐蓉、蒋平、王金全、朱世波、刘亚利、胡小春、陈冬、许志兵、余家春、成斌、李晓辉、陈茂生、尹新梅、刘传梁、马秋云、毕涛、戴礼荣、康昱、李波、刘晓忠、何峰、冉红梅、黄小燕等。在此，向所有参与本书编写的人员表示衷心的感谢。更感谢购买这本书的读者，因为您的支持是我们最大的动力，我们将不断努力，为您奉献更多、更优秀的电脑图书。

编 者

目录
Contents

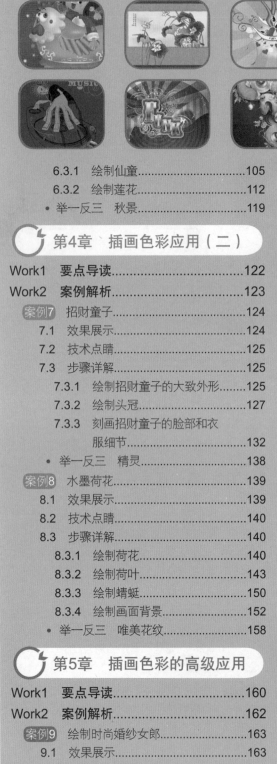

第1章

The 1st Chapter

绘制简单插画图形

CorelDRAW是专业的矢量绘图软件；它具备了完善的绘图优势，是图形创作和平面设计工作者首选的工具软件。要学习在CorelDRAW中进行插画创作的技法，首先需要掌握在CorelDRAW中进行基本图形绘制的方法。本章将通过对两个实例的制作方法的详细讲解，向读者介绍基本的绘图方法。

Work1 **要点导读** ● ● ●

　　绘制插画时，最重要的是插画形象的设计，这就需要对形象进行造型。可以通过曲线或几何图形勾勒对象轮廓，赋予对象不同的形态和逼真的神情，再通过应用颜色，使对象具有生命力。在整个插画设计中，进行造型设计是至关重要的。

　　在CorelDRAW中进行造型设计时，勾线是最基础的一个环节。如果对象具有规整的外形，可以通过绘制几何图形或在几何图形的基础上进行形状的编辑来实现所需的外形，如绘制如图1-1所示的窗格。如果对象具有不规则的外形，则可以通过绘制封闭曲线，并通过曲线编辑工具来实现所需的外形，如绘制如图1-2所示的卡通人物造型。

图1-1　具有规则外形的窗格　　　　图1-2　具有不规则外形的卡通形象

　　对于具有简单几何形体的对象，如圆形、椭圆形、矩形、正方形、圆角矩形、圆角正方形、多边形和星形等，可以直接使用几何图形绘制工具进行绘制。几何图形绘制工具如图1-3所示。

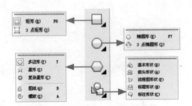

图1-3　几何图形绘制工具

　　如果同一个对象中只有部分具有规则的几何形状，而另一部分具有不规则形状时，用户可以通过对几何图形进行变形，或者将不同的几何图形进行焊接、修剪和简化等操作实现，也可以将几何图形转换为曲线，然后使用曲线编辑工具调整形状，以达到方便、快捷地绘制外形的目的，如图1-4所示。

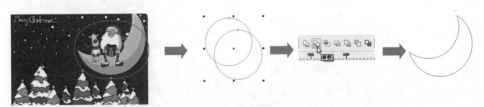

图1-4　对两个椭圆形进行修剪得到月牙形

　　如果对象具有不规则的外形，则使用几何图形绘制工具可能无法完成绘图要求，这时就可以使用各种不同的曲线绘图工具进行绘制。使用曲线绘制工具可以帮助用户创作各种不同形状的造型。

要绘制曲线，首先需要了解构成曲线的几种具有不同属性特点的节点类型，包括尖突节点、平滑节点和对称节点。

- 尖突节点两端的控制手柄是相互独立的，当拖动其中一端的控制手柄时，另一端的控制手柄保持不变，因此可以生成转角的曲线，如图1-5所示。
- 平滑节点两边的控制手柄是互相关联的，当拖动其中一个控制手柄时，另一个控制手柄也会按同样的方向保持移动，因此，平滑节点连接的曲线可以产生平滑过渡，如图1-6所示。
- 对称节点同样具有平滑节点的特征，不同的是，当移动该节点其中一端的控制手柄时，另一端的控制手柄始终保持相同的方向和长度，如图1-7所示。

图1-5　尖突节点

图1-6　平滑节点

图1-7　对称节点

在CorelDRAW中进行插画造型设计时，常用的曲线绘制工具有手绘工具、贝塞尔工具、艺术笔工具、钢笔工具、折线工具和3点曲线工具等，如图1-8所示。

图1-8　曲线绘制工具

- 手绘工具主要用于绘制直线和自由形状的线条。选择该工具后，在直线的起点和终点位置单击，即可在两点之间生成一条直线，如图1-9所示。在绘图窗口中拖动鼠标即可绘制自由形状的曲线，如图1-10所示。

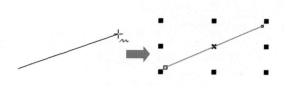

图1-9　绘制直线

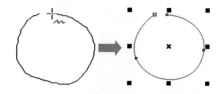

图1-10　绘制自由形状的曲线

- 贝塞尔工具用于绘制折线和具有精确形状的平滑曲线。选择该工具后，在不同的位置单击可以绘制折线，如图1-11所示。在不同的位置按下鼠标左键并拖动鼠标，可以创建对称节点，在对称节点之间将生成一条平滑的曲线，如图1-12所示。

图1-11　绘制折线

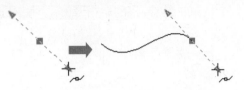

图1-12　创建的对称节点和绘制的曲线

● 艺术笔工具中提供了丰富的预设笔触和矢量图案，如图1-13所示。

图1-13　预设笔触和矢量图案

❖ 该工具中包括了5种不同的笔刷类型，分别是预设 、笔刷 、喷罐 、书法 和压力 ，使用该工具可以在一步之内绘制出指定的图案和笔触，如图1-14所示。

图1-14　绘制指定的矢量图案

❖ 图1-15所示为使用"预设"艺术笔工具为女孩绘制的头发。

图1-15　使用艺术笔工具绘制的女孩头发

● 钢笔工具在功能和使用方法上与贝塞尔工具相似，它同样用于绘制直线和平滑的曲线，也是通过节点和控制手柄来控制曲线形状的。使用钢笔工具的优点是，在绘制曲线时可以提前预览下一段要绘制的曲线形状，如图1-16所示。

图1-16　绘制曲线

● 折线工具可以方便地创建出多条连接的直线段，用户只需要在不同的位置单击即可，如图1-17所示。该工具同手绘工具一样，也可以绘制出自由形状的曲线。

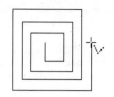

图1-17 绘制折线

● 3.点曲线工具可以通过指定曲线的宽度和高度来绘制所需的曲线。选择该工具后，在绘图窗口中按下鼠标左键不放，并向另一方向拖动鼠标，指定曲线的起点和终点，然后释放鼠标，再移动光标，以确定曲线的高度，最后单击鼠标左键，即可完成曲线的绘制，如图1-18所示。

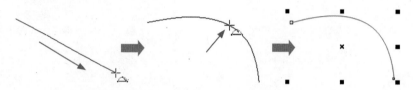

图1-18 使用3点曲线工具绘制曲线

另外，CorelDRAW X4中还新增了一个工具——表格工具，该工具主要用于绘制表格。系统默认状态下，使用该工具绘制的表格与图纸具有相似的外观。用户除了可以设置表格的行数和列数外，还可以进行在表格中插入行或列、单独调整单元格的大小、为表格设置边框样式、调整部分边框的轮廓属性以及在表格中输入文字或图形等操作。

选择工具箱中的表格工具▦，并在属性栏的"表格中的行数和列数"数值框▦中设置表格的行数和列数，然后在绘图窗口中按下鼠标左键，并向对角方向拖动鼠标，即可绘制出表格，如图1-19所示。

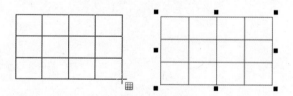

图1-19 绘制表格

上面介绍了在CorelDRAW中进行对象造型设计的基本绘图技巧，下面为读者准备了两个造型设计的实例，通过这两个实例的学习可以使读者在实际操作中真正掌握基本绘图的操作技巧。

Work2 案例解析

对CorelDRAW绘图基本工具有了一定了解后，下面通过实例的制作来学习基本绘图工具的使用方法和技巧。

● ● ● ●

Example

1

可爱的青蛙

本实例将通过绘制一个可爱的青蛙，使读者掌握CorelDRAW基本图形绘制工具以及为对象填充均匀色的方法和技巧。

...绘制青蛙头部

...绘制青蛙身体

...青蛙排列效果

1.1　　效果展示

原始文件：Chapter 1\Example 1\可爱的青蛙.cdr

最终效果：Chapter 1\Example 1\可爱的青蛙.jpg

学习指数：★★★

本实例中的青蛙造型完全采用均匀色进行填色处理，且细节的刻画也相对简单，这样有利于初学者进行初步的练习。请开启光盘\源文件与素材\第1章\源文件\可爱的青蛙.cdr文件，查看完成后的插画效果。

1.2　技术点睛

　　本实例中的青蛙对象在造型上采用对称式处理，对青蛙头部的刻画主要采用基本形状工具以及"造型"功能中的"修剪"和"焊接"命令来完成，这些都是最基本的绘图和造型方法。本实例是初学者学习CorelDRAW绘图的入门练习，希望读者认真掌握每一步的操作。

在绘制本实例时，读者应注意以下几个操作环节。

（1）在绘制青蛙头部造型时，主要使用了椭圆形工具、矩形工具、修剪功能和焊接功能。虽然青蛙的头部外形可以使用贝塞尔工具一次性绘制完成，但要想得到完全对称且线条平滑的头部外形，使用前一种方法更为方便、快捷。

（2）在绘制左右完全对称的青蛙身体造型时，首先绘制左半部分身体外形，然后采用复制并水平镜像的方法得到右半部分身体外形，再通过"焊接"命令将左右两部分外形焊接为一个对象即可。

（3）在绘制蘑菇对象时，蘑菇头外形是通过绘制矩形和椭圆形，并使用矩形将椭圆形的下半部分修剪后得到的。蘑菇中的圆形图案是通过使用"图框精确剪裁内部"命令，将圆形对象精确剪裁到蘑菇头外形中得到的修剪效果。

1.3　步骤详解

绘制本实例的过程分为两个部分。首先绘制其中一个青蛙造型，然后通过复制青蛙造型并绘制画面背景来完成本实例的制作。

1.3.1　绘制可爱的青蛙造型

01 启动CorelDRAW X4，单击标准工具栏中的"新建"按钮，新建一个图形文件，此时工作界面的显示状态如图1-20所示。

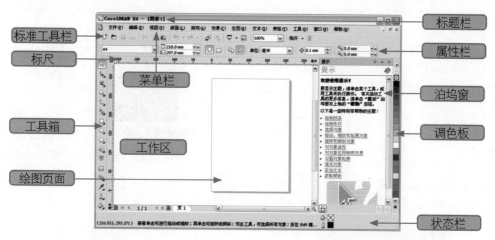

图1-20　新建的图形文件

02 选择工具箱中的椭圆形工具，在绘图窗口中按下鼠标左键并拖动鼠标，绘制一个近似于圆形的椭圆，如图1-21所示。

03 当得到所需的椭圆形时，释放鼠标左键，系统将自动选定该圆形，如图1-22所示。

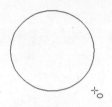

图1-21　绘制椭圆形时的状态

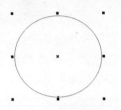

图1-22　绘制的椭圆形

04 选择矩形工具，按照绘制椭圆形的方法在步骤03绘制的椭圆形上绘制一个矩形，如图1-23所示。

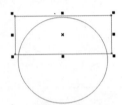

图1-23　绘制的矩形

05 保持矩形的选择状态，选择挑选工具，按住Shift键单击椭圆形，将它们同时选取，然后单击属性栏中的"修剪"按钮，使用矩形修剪椭圆形，效果如图1-24所示。

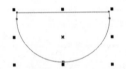

图1-24　椭圆形的修剪效果

技巧点睛

在修剪对象时，得到的最终修剪效果取决于选择对象的方式。当按住Shift键使用挑选工具选择多个对象时，对选定的对象执行修剪命令后，最后选择的对象将被其他选择的对象修剪；当使用挑选工具框选多个对象时，位于下层的对象将被上层的对象修剪。

06 使用挑选工具选择步骤05中修剪的半圆形，单击工具箱中的"填充"按钮，从展开的工具栏中选择"均匀填充对话框"，在弹出的"均匀填充"对话框中，将颜色参数设置为（C:36、M:0、Y:80、K:0），如图1-25所示。

图1-25　颜色参数设置

07 设置好颜色后，单击"确定"按钮，得到如图1-26所示的填色效果。

图1-26　对象的填色效果

08 单击调色板中的⊠图标，取消对象的外部轮廓，如图1-27所示。

图1-27　取消对象轮廓

09 选择椭圆形工具⬭，绘制如图1-28所示的圆形。

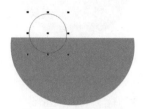

图1-28 绘制的圆形

10 选择该圆形并按住Shift键，同时选择步骤09修剪后的对象，然后按L键，将它们左对齐，如图1-29所示。

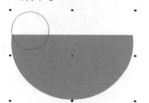

图1-29 对象的左对齐效果

11 按Esc键取消所有对象的选取，然后选择圆形，再按下小键盘中的+键复制该圆形。同时，选择复制的圆形和修剪后的对象，按R键，将它们右对齐，如图1-30所示。

图1-30 对象的右对齐效果

12 同时选择圆形和修剪后的对象，单击属性栏中的"焊接"按钮⬚，得到如图1-31所示的焊接效果。

图1-31 焊接效果

13 选择形状工具◥，在焊接后的对象上单击，然后按住Shift键分别单击如图1-32所示的4个节点。

图1-32 选取的节点

14 将它们同时选取，再按Delete键删除选取的节点，如图1-33所示。

图1-33 删除节点后的效果

技巧点睛

在曲线对象中，使用形状工具删除不需要或多余的节点可以使曲线线条更加平滑。在编辑曲线形状时，可以使用形状工具在曲线上双击，在双击处添加一个节点，以便于更为精确地编辑曲线形状。

15 按住Ctrl键，使用椭圆形工具绘制如图1-34所示的圆形，然后单击调色板中的"白"色样，将其填充为"白色"，再单击⊠图标，取消其外部轮廓。

16 使用挑选工具选择该圆形，然后按下小键盘中的+键将其复制，再单击调色板中的"黑"色样，将复制的圆形填充为"黑色"。将光标移动到对象四角处的控制点上，按住Shift键拖动控制点，将该对象缩小到如图1-35所示的大小。

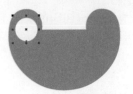

图1-34　绘制的圆形

图1-35　复制并缩小后的圆形

17 使用椭圆形工具在黑色圆形上绘制如图1-36所示的圆形，将其填充为白色，并取消外部轮廓。这样，青蛙的左眼即绘制完成。

18 选择青蛙左眼中的所有对象，按Ctrl+G组合键，将它们群组。按住Ctrl键，使用挑选工具将左眼对象水平移动到青蛙的右眼位置，再按下鼠标右键，如图1-37所示。

图1-36　青蛙的左眼效果

图1-37　将对象复制到指定位置的操作状态

19 此时，释放鼠标左键，选定的对象将被复制到指定的位置上，如图1-38所示。

20 使用椭圆形工具在青蛙脸上绘制如图1-39所示的两个圆形，并按Shift+F11组合键打开"均匀填充"对话框，在其中设置颜色参数为（C:67、M:3、Y:100、K:0），以表现青蛙的鼻孔。

图1-38　复制到指定位置的对象

图1-39　绘制青蛙的鼻孔

21 选择最下层的头部外形对象，按+键将其复制，并将复制的对象颜色修改为（C:47、M:0、Y:93、K:0），如图1-40所示。

22 使用椭圆形工具绘制如图1-41所示的椭圆形，然后同时选择步骤21复制的头部外形对象。

图1-40　复制头部外形对象

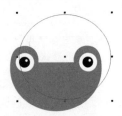

图1-41　绘制的椭圆形

23 单击属性栏中的"修剪"按钮，得到如图1-42所示的修剪效果，以表现青蛙脸上的阴影。

24 使用贝塞尔工具绘制如图1-43所示的左半部分身体外形对象，使用挑选工具选择该对象。

图1-42 对象的修剪效果

图1-43 绘制的左半部分身体外形

25按+键将其复制，然后单击属性栏中的"水平镜像"按钮⚏，再按住Ctrl键，将镜像后的对象水平移动到如图1-44所示的位置。

26同时选择两个身体外形对象，单击属性栏中的"焊接"按钮，得到如图1-45所示的焊接效果。

图1-44 复制并镜像后的身体外形

图1-45 焊接后得到的身体外形

技巧点睛

用贝塞尔工具 绘制对象时，首先在绘图窗口中单击，确定曲线的起点，然后移动光标到需要创建的下一个节点的位置，按下鼠标左键并拖动，得到满意的曲线弧度后，释放鼠标左键，即可创建第2个节点和第1条曲线，如图1-46所示。

图1-46 绘制第一段曲线

　　要继续绘制第2条曲线，可以使用贝塞尔工具在创建的第2个节点上双击，隐藏该节点一端的控制手柄，如图1-47所示，然后移动光标到下一个位置，按下鼠标左键并拖动，即可创建第3个节点和第2条曲线，如图1-48所示。如果需要绘制的第2条曲线为直线段，那么在隐藏对应的节点一端的控制手柄后，在下一个位置单击鼠标即可，如图1-49所示。

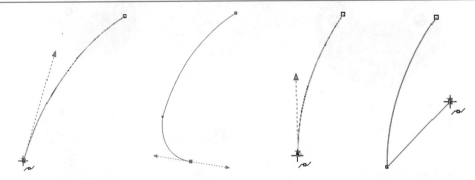

图1-47　隐藏控制手柄　图1-48　绘制的下一段曲线　图1-49　绘制的下一段直线

　　如果要绘制封闭式曲线对象，可在绘制好所有曲线后，将光标移动到曲线的起点上单击即可，如图1-50所示。

图1-50　绘制封闭式曲线

27 将焊接后的对象的颜色填充为（C:47、M:0、Y:93、K:0），并取消外部轮廓，然后按Shift+PageDown组合键，将其调整到青蛙头部对象的下方，如图1-51所示。

图1-51　对象的填色效果

28 按照绘制青蛙身体外形对象的操作方法绘制青蛙的前爪和腹部对象，整个操作流程如图1-52所示。

图1-52　绘制青蛙的前爪和腹部

29 在青蛙腹部绘制如图1-53所示的圆形，将其填充为"白色"，并取消外部轮廓。

30 选择该圆形对象，按Ctrl+Q组合键，将其转换为曲线。使用形状工具选择该对象最下方的一个节点，将其向上移动到如图1-54所示的位置。

31 按住Ctrl键拖动该节点一端的控制手柄，调整对象到如图1-55所示的形状。

图1-53 绘制的圆形

图1-54 移动节点的位置

图1-55 拖动控制手柄调整形状

32 使用挑选工具框选所有的青蛙对象，然后按Ctrl+G组合键将它们群组，完成青蛙的造型操作，如图1-56所示。

图1-56 框选对象并群组对象

1.3.2 组合青蛙对象并绘制背景

01 使用贝塞尔工具绘制如图1-57所示的背景图案对象。

02 将其颜色填充为（C:87、M:15、Y:0、K:0），并取消外部轮廓，如图1-58所示。

图1-57 绘制的背景对象

图1-58 对象的填色效果

03 使用挑选工具选择青蛙对象，并将其移动到步骤02所示的背景对象上，然后拖动该对象四角处的控制点，调整其大小，效果如图1-59所示。

04 分别使用椭圆形工具和矩形工具绘制如图1-60所示的椭圆形和矩形。

05 同时选择矩形和圆形，单击属性栏中的"修剪"按钮🗗，得到如图1-61所示的修剪效果。

图1-59　背景上的青蛙对象

图1-60　绘制的椭圆形和矩形

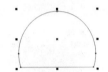

图1-61　圆形被修剪后的效果

06 将修剪后的对象的颜色填充为（C:3、M:50、Y:0、K:0），取消外部轮廓，以此作为蘑菇头的外形，如图1-62所示。

07 按+键复制步骤05修剪后的对象，修改其填充色为（C:7、M:5、Y:86、K:0），如图1-63所示。

图1-62　对象的填充效果

图1-63　复制并重新着色后的效果

08 绘制如图1-64所示的圆形。

09 然后使用该圆形修剪复制的对象，得到如图1-65所示的修剪效果。

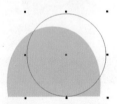

图1-64　绘制的圆形

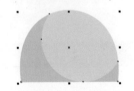

图1-65　对象的修剪效果

10 选择步骤03中绘制的对象，按+键将其复制。使用椭圆形工具并结合复制命令，绘制如图1-66所示的4个圆形。全选绘制的圆形，按Ctrl+G组合键将它们群组。

11 使用鼠标右键将群组后的圆形对象拖动到步骤10复制的对象上，释放鼠标右键，然后从弹出的快捷菜单中选择"图框精确剪裁内部"命令，如图1-67所示。

图1-66　绘制的圆形

图1-67　执行快捷菜单命令

12 得到如图1-68所示的精确剪裁效果。

图1-68　对象的精确剪裁效果

13 按Shift+PageUp组合键，将精确剪裁对象调整到最上层，然后单击调色板中的⊠图标，取消该对象的填充色，如图1-69所示。

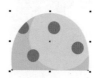

图1-69　取消填充色后的精确剪裁对象

14 选择精确剪裁对象，按住Ctrl键单击该对象，进入到该对象内部，然后将容器内的圆形对象移动到如图1-70所示的位置。

图1-70　编辑精确剪裁对象的内容

15 完成后按住Ctrl键单击绘图窗口，完成对精确剪裁对象内容的编辑，此时，制作的蘑菇头效果如图1-71所示。

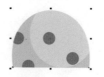

图1-71　完成编辑后的精确剪裁效果

16 使用贝塞尔工具绘制如图1-72所示的蘑菇根部对象，将其颜色填充为（C:25、M:4、Y:93、K:0），并取消外部轮廓。

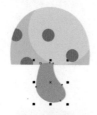

图1-72　绘制的蘑菇根部对象

17 复制该对象，并修改对象的填充色为（C:47、M:15、Y:100、K:0），然后使用贝塞尔工具绘制如图1-73所示形状的对象。

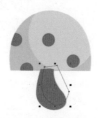

图1-73　用于修剪的对象

18 使用该对象修改复制的蘑菇根部对象，得到如图1-74所示的修剪效果。

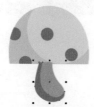

图1-74　对象的修剪效果

19 选择绘制好的蘑菇根部对象，按Shift+PageDown组合键，将其调整到蘑菇头的下方，如图1-75所示。

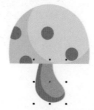

图1-75　绘制好的蘑菇效果

20 全选绘制好的蘑菇对象，将它们群组，然后将其移动到青蛙对象的底部，并调整到如图1-76所示的大小。

21 按Ctrl+PageDown组合键，将其调整到青蛙对象的下一层，如图1-77所示。

图1-76　背景上的蘑菇效果

图1-77　调整蘑菇对象的排列顺序

22 选择青蛙对象，将其复制，并将复制的对象缩小到一定的大小，再按如图**1-78**所示进行排列。

23 使用手绘工具在绘图窗口中单击，确定线条的起点，然后在线条的终点位置单击，即可绘制一条直线。使用此种方法在青蛙对象的头部绘制如图**1-79**所示的多条线段。

图1-78　青蛙的排列效果

图1-79　绘制的线条

24 同时选择所有的线条，按F12键打开"轮廓笔"对话框，在其中设置轮廓颜色为（C:40、M:0、Y:70、K:0），并设置适当的轮廓宽度，如图1-80所示。

25 单击"确定"按钮，完成本实例的制作，最终效果如图1-81所示。

图1-80　"轮廓笔"对话框

图1-81　最终效果

技巧点睛

　　如果要使用贝塞尔工具绘制多条不封闭的曲线段，那么在绘制完第一条曲线后，按空格键将工具切换到挑选工具，然后再按空格键，将工具切换回贝塞尔工具，即可开始另外一条曲线的绘制。

举一反三 | 抽象造型

打开光盘\源文件与素材\第1章\源文件\抽象造型.cdr文件，如图1-82所示，然后利用贝塞尔工具、文本工具、修剪功能以及文本转换为曲线命令绘制该文件中的抽象造型以及艺术字效果。

图1-82　抽象造型效果

绘制整体外形

绘制内部细节轮廓

修剪对象

绘制左边眼眶

绘制翅膀

翅膀与整体外形的组合

编辑文字对象的字形　抽象造型与艺术字的组合

◎ 关键技术要点 ◎

01 使用贝塞尔工具绘制出抽象造型的整体外形轮廓，并将其填充为"黑色"，再使用贝塞尔工具绘制出造型内部的细节轮廓。

02 使用内部细节对象修剪整体外形轮廓，以表现抽象的造型。

03 使用贝塞尔工具绘制出翅膀对象，将其填充为"黑色"，并将其与抽象造型进行组合。

04 使用文本工具输入所需的文本，将字体设置为Arial。选择文本对象，按Ctrl+Q组合键，将它们转换为曲线，然后使用形状工具对字形进行自定义编辑，以得到艺术化的字体效果。

05 将艺术文字与抽象造型进行组合，完成此次练习。

Example
2

● ● ● ●

憨态卡通猪

本实例将通过绘制一个可爱的卡通猪造型，使读者掌握在CorelDRAW中绘制简单卡通形象的方法，以及为对象填充均匀色和渐变色的方法。

...绘制小猪身体

...绘制脚和耳朵

...小猪整体效果

...绘制背景

...绘制竹子

2.1 效果展示

原始文件：Chapter 1\Example 2\憨态卡通猪.cdr
最终效果：Chapter 1\Example 2\憨态卡通猪.jpg
学习指数：★★★★

在绘制卡通猪造型时，主要通过为各部分对象填充相应的均匀色和渐变色来刻画卡通形象的体态和表情特征，并使该造型的色彩富有层次。

2.2 技术点睛

在绘制本实例中的卡通猪形象和背景画面时，主要使用贝塞尔工具、椭圆形工具、形状工具、粗糙笔刷工具、交互式透明工具、修剪命令、"颜色"泊坞窗和"渐变填充"对话框来完成。通过对本实例的学习，将使读者掌握在CorelDRAW中为对象填色的方法，同时掌握在绘制卡通形象时的表现方法。

在绘制本实例时，读者应注意以下几个操作环节。

（1）使用贝塞尔工具、椭圆形工具以及复制功能绘制出组成卡通猪形象的各个对象，然后使用"颜色"泊坞窗为对象填充均匀色，使用"渐变填充"对话框为对象填充所需的渐变色。

（2）同样使用贝塞尔工具、"渐变填充"对话框和复制功能绘制背景画面中的竹子对象。

（3）使用矩形工具，将几何图形转换为曲线命令和粗糙笔刷工具绘制背景画面中的锯齿状对象，并使用交互式透明工具为该对象应用标准透明效果，然后通过复制的方法制作背景层。

（4）使用椭圆形工具和交互式透明工具绘制画面中的气泡，然后通过复制功能复制画面中的其他两个气泡，并调整到适当的大小。

2.3　步骤详解

绘制本实例将通过两个部分来完成。首先对卡通猪进行俏皮可爱的造型，然后为卡通猪绘制一个背景，丰富画面中的内容。下面一起来完成本实例的制作。

2.3.1　绘制可爱猪的造型

01 使用椭圆形工具绘制一个近似于圆形的椭圆，如图1-83所示。

02 选择该椭圆，按Ctrl+Q组合键，将该对象转换为曲线。选择形状工具，向上移动底端的节点，改变该对象的形状，如图1-84所示。

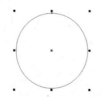

图1-83　绘制的椭圆

图1-84　移动节点位置后的效果

03 选择步骤02绘制的对象，执行"窗口→泊坞窗→颜色"命令，打开"颜色"泊坞窗。在该泊坞窗的颜色模式下拉列表框中选择CMYK选项，并设置颜色值为（C:7、M:57、Y:77、K:0），如图1-85所示。

图1-85　颜色参数设置

04 单击"填充"按钮，再取消对象的外部轮廓，效果如图1-86所示。

05 按+键复制步骤04填充的对象，再按F11键打开"渐变填充"对话框，设置渐变色为0%（C:4、M:31、Y:44、K:0）、11%（C:2、M:26、Y:43、K:0）、31%（C:2、M:17、Y:29、K:0）和100%（C:3、M:9、Y:15、K:0），并按如图1-87所示设置其他选项参数。

图1-86 对象的填充效果

图1-87 渐变颜色参数设置

06 单击"确定"按钮，得到如图1-88所示的渐变填充效果。

07 使用挑选工具分别向该对象内拖动四周居中的控制点，适当调整该对象的大小，效果如图1-89所示。

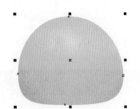

图1-88 修改填充色后的效果

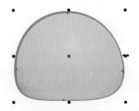

图1-89 调整对象大小后的效果

08 选择步骤01绘制的对象，将其复制，并按Shift+PageUp组合键，将其调整到最上层，然后将该对象调整到如图1-90所示的大小。

09 选择填充为渐变色的对象，将其复制，并按Shift+PageUp组合键，将其调整到最上层，然后将该对象调整到如图1-91所示的大小，完成卡通猪头部和身体部分基本外形的绘制。

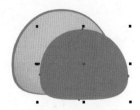

图1-90 调整复制对象大小后的效果

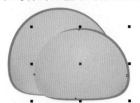

图1-91 调整复制对象大小后的效果

10 使用贝塞尔工具绘制如图1-92所示外形的对象，将其颜色填充为（C:7、M:57、Y:77、K:0），并取消其外部轮廓。

图1-92 绘制的对象

11 在步骤10绘制的对象上绘制如图1-93所示的对象，然后将画面中填充为渐变色的颜色属性复制到该对象上。

图1-93　绘制的对象

13 修改渐变色并取消其外部轮廓后的效果如图1-95所示。

图1-95　修改后的填充效果

15 选择步骤06～09绘制的对象，按Ctrl+ G组合键群组，将群组后的对象移动到如图1-97所示的位置，并调整到适当的大小。

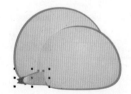

图1-97　左边猪脚的位置

17 同时选择两个猪脚对象，连续按Ctrl+ PageDown组合键，将选取的对象调整到如图1-99所示的排列顺序。

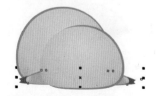

图1-99　猪脚对象的排列顺序

12 打开"渐变填充"对话框，在该对话框中按如图1-94所示修改渐变中心点的位置和边界参数。

图1-94　修改后的渐变属性设置

14 绘制如图1-96所示外形的对象，将其颜色填充为（C:24、M:75、Y:93、K:0），并取消外部轮廓。

图1-96　绘制的对象效果

16 保持该对象的选取，将其复制，并单击属性栏中的"水平镜像"按钮，将复制的对象水平镜像，然后将该对象移动到如图1-98所示的位置，以表现卡通猪的猪脚效果。

图1-98　右边猪脚的位置

18 选择左边的猪脚对象，将其复制，并将复制的对象移动到如图1-100所示的位置。

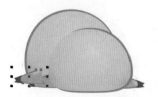

图1-100　复制对象的位置

19 连续按Ctrl+PageDown组合键，将选取的对象调整到如图1-101所示的排列顺序。

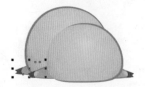

图1-101　对象的排列顺序

21 在该对象上绘制如图1-103所示外形的对象，为其填充步骤03中的渐变填充色。

图1-103　在耳朵外形上绘制的对象

23 继续在耳朵外形上绘制如图1-105所示的对象，为其填充射线渐变色，设置渐变色为0%（C:2、M:25、Y:27、K:0）、11%（C:2、M:25、Y:27、K:0）、99%和100%（C:2、M:36、Y:40、K:0）。

图1-105　耳朵外形上的对象效果

25 将绘制好的耳朵对象群组，然后移动到猪头的左上方，并调整到适当的大小，如图1-107所示。

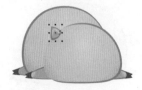

图1-107　耳朵的大小和位置

20 绘制如图1-102所示的耳朵外形，将其颜色填充为（C:7、M:57、Y:77、K:0），并取消外部轮廓。

图1-102　绘制的耳朵外形

22 修改渐变边界为13%，中心位移为水平1%、垂直8%，如图1-104所示。

图1-104　对象的渐变参数设置

24 按如图1-106所示设置渐变参数，然后取消其外部轮廓。

图1-106　对象的渐变填充参数设置

26 连续按Ctrl+PageDown组合键，将耳朵对象调整到如图1-108所示的排列顺序。

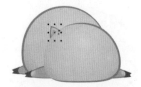

图1-108　调整后的对象排列顺序

27 将耳朵对象复制，并将复制的对象水平镜像，然后移动到如图1-109所示的位置，再旋转一定的角度。

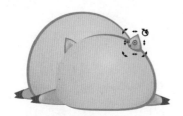

图1-109 耳朵对象的位置和角度

29 将步骤02中填充的对象复制到空白区域，并使用形状工具调整其形状，如图1-111所示。

图1-111 修改后的对象形状

31 按Ctrl+PageDown组合键，将选取的对象调整到下一层，如图1-113所示。

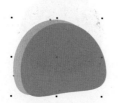

图1-113 调整排列顺序后的效果

33 修改其填充色为从（C:2、M:3、Y:11、K:0）到"白色"的射线渐变，如图1-115所示。

图1-115 修改渐变色后的效果

28 连续按Ctrl+PageDown组合键，将该耳朵对象调整到如图1-110所示的排列顺序。

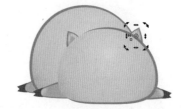

图1-110 调整后的对象排列顺序

30 复制该对象，将其移动到如图1-112所示的位置，并修改其填充色，设置渐变色为从（C:2、M:26、Y:27、K:0）到（C:7、M:53、Y:54、K:1）的射线渐变。

图1-112 应用射线渐变色后的效果

32 保持对象的选取，将其复制。按Shift+PageUp组合键，将复制的对象调整到最上层，并适当缩小该对象的大小，如图1-114所示。

图1-114 复制后的对象大小和位置

34 全选步骤33绘制好的对象，将其群组，然后移动到猪的头部，并缩放到一定的大小，以表现猪的鼻子，如图1-116所示。

图1-116 猪的鼻子效果

35 使用贝塞尔工具在鼻子上绘制如图1-117 所示的对象，将其填充为"黑色"并取消外部轮廓。

图1-117　在鼻子上绘制的鼻孔对象

36 复制该对象，将其移动到鼻子的右边位置，并适当缩小到一定的大小，如图1-118所示，以表现猪的鼻孔。

图1-118　另一侧的鼻孔对象

37 按住Ctrl键，使用椭圆形工具◯绘制如图1-119所示的圆形。

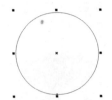

图1-119　绘制的圆形

38 按+键复制该圆形，然后按住Shift键拖动四角处的任一控制点，将圆形按对象中心缩小到如图1-120所示的大小。

图1-120　圆形按对象中心缩小后的效果

39 继续复制该圆形，然后将复制的圆形缩小到如图1-121所示的大小。

图1-121　将复制的圆形缩小后的效果

40 选择步骤39中最大的圆形，将其颜色填充为（C:58、M:96、Y:96、K:17），并取消外部轮廓，如图1-122所示。

图1-122　圆形的填充效果

41 选择次大的圆形，再按住Shift键选择最大的圆形，单击属性栏中的"修剪"按钮◱，得到如图1-123所示的修剪效果。

图1-123　圆形被修剪后的效果

42 选择位于中心的椭圆形，将其颜色填充为（C:5、M:18、Y:23、K:0），如图1-124所示。

图1-124　椭圆形的填充效果

43 使用矩形工具 ▣ 在步骤42制作完成的圆形对象上方绘制如图1-125所示的矩形。

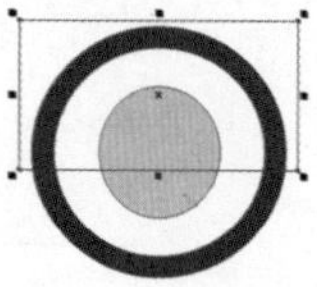

图1-125 绘制的矩形

44 使用该矩形分别修剪圆环和椭圆对象，得到如图1-126所示的修剪效果。

图1-126 对象被修剪后的效果

45 使用椭圆形工具 ◯ 在修剪后的圆环一侧的顶部绘制如图1-127所示的圆形。

图1-127 绘制的圆形

46 将该圆形复制，并按住Shift键将复制的圆形水平移动到圆环的另一侧，如图1-128所示。

图1-128 复制到圆环另一端的圆形

47 同时选择圆形和圆环对象，单击属性栏中的"焊接"按钮 ▣ ，得到如图1-129所示的焊接效果。

图1-129 对象的焊接效果

48 将步骤47中绘制完成的对象移动到卡通猪的头部，并调整到适当的大小，然后旋转到如图1-130所示的角度，以表现猪在熟睡时的左眼效果。

图1-130 闭着的左眼效果

49 将左眼对象复制，并水平镜像，然后移动到头部的右端，以表现闭着的右眼效果，如图1-131所示。

图1-131 闭着的右眼效果

50 使用贝塞尔工具在鼻子下方绘制如图1-132所示的两条曲线对象，将上方对象的颜色填充为（C:34、M:74、Y:97、K:27），下方对象的颜色填充为（C:3、M:35、Y:50、K:0），并取消两个对象的外部轮廓，以表现卡通猪的嘴和下巴效果。

图1-132 嘴和下巴效果

51 使用椭圆形工具 ◯ 在卡通猪的鼻子左边绘制如图1-133所示的圆形，将其颜色填充为（C:7、M:57、Y:77、K:0），并取消其外部轮廓。

图1-133 绘制的圆形

52 复制步骤51绘制的圆形，将复制的圆形移动到如图1-134所示的位置。

图1-134　修改填充色后的效果

53 修改其填充色为射线渐变色，设置新的渐变色为0%（C:11、M:36、Y:42、K:2）、11%（C:2、M:26、Y:43、K:0）、43%（C:2、M:16、Y:27、K:0）和100%（C:3、M:5、Y:11、K:0），如图1-135所示，以表现卡通猪可爱的脸蛋效果。

54 在步骤53绘制的射线渐变填充对象上绘制一个椭圆，并适当旋转其角度，然后为其填充从（C:14、M:27、Y:32、K:0）到（C:11、M:36、Y:42、K:2）的射线渐变色，如图1-136所示，以表现脸上的红晕效果。

图1-135　渐变颜色参数设置

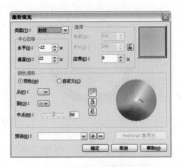

图1-136　绘制的椭圆效果及渐变参数设置

55 在步骤54绘制的椭圆上绘制一个小的椭圆，将其旋转一定的角度，并为其填充（C:2、M:7、Y:25、K:0）的颜色，然后取消外部轮廓，如图1-137所示，以表现脸部高光效果。

56 同时选择步骤27～30绘制的对象，将它们群组，然后将群组后的对象复制，并将复制的对象移动到鼻子的右侧，再将其水平镜像，如图1-138所示，以表现卡通猪的右脸蛋效果。

图1-137　绘制的脸部高光

图1-138　右边的脸蛋效果

57 按住Ctrl键并单击该群组对象中需要移动位置的一个对象，然后按下键盘中的方向键，将其移动到适当的位置。使用同样的方法，分别将该群组对象中的对象移动到相应位置，完成效果如图1-139所示。

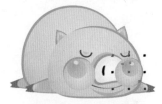

图1-139　调整脸蛋对象中各个对象位置后的效果

58 同时选择两边的脸蛋对象，连续按Ctrl+PageDown组合键，将它们调整为如图1-140所示的排列顺序。

图1-140　脸蛋对象的排列顺序

60 按空格键选择该曲线，再按F12键打开"轮廓笔"对话框，在其中设置轮廓宽度为3.0pt，轮廓色为（C:7、M:57、Y:77、K:0），效果如图1-142所示。

图1-142　设置轮廓属性后的效果

62 放大曲线对象一端的显示比例，选择形状工具，单击如图1-144所示的节点，将该节点选取，再单击属性栏中的"转换直线为曲线"按钮，将对应的直线段转换为曲线。

图1-144　选择的节点

64 将编辑好的曲线对象移动到卡通猪的左侧边缘处，以表现猪的尾巴，如图1-146所示。

图1-146　猪的尾巴效果

59 使用贝塞尔工具绘制如图1-141所示的曲线段。

图1-141　绘制的曲线

61 选择该曲线轮廓，执行"排列→将轮廓转换为对象"命令，将曲线轮廓转换为可以应用填充色的对象，如图1-143所示。

图1-143　将轮廓转换为对象后的效果

63 使用形状工具拖动该曲线两端的控制手柄，将曲线调整到如图1-145所示的形状。

图1-145　调整后的曲线形状

65 选择全部的卡通猪对象，单击属性栏中的"创建围绕选定对象的新对象"按钮，系统将围绕选定对象的整体外部形状创建一个新的对象，如图1-147所示。

图1-147　创建的新对象

66 选择挑选工具，选择新创建的对象，然后拖动四角处的控制点放大该对象，如图1-148所示。

67 使用形状工具对该对象的形状进行编辑，完成效果如图1-149所示。

图1-148　放大后的对象

图1-149　编辑对象形状后的效果

68 选择步骤67编辑形状后的对象，将其填充为"白色"，然后选择交互式调和工具展开工具栏中的交互式阴影工具，在选择的对象中心按下鼠标左键并向左拖动鼠标，为该对象创建阴影效果，然后在属性栏中按如图1-150所示修改阴影属性。

C:59、M:78、Y:96、K:18

图1-150　阴影属性设置

69 应用阴影后的效果如图1-151所示。

70 完成后，按空格键切换到挑选工具，取消对象的外部轮廓，如图1-152所示。

图1-151　应用的阴影效果

图1-152　完成后的卡通猪造型

2.3.2　绘制背景画面

01 使用矩形工具绘制一个矩形，如图1-153所示。

02 选择该矩形，按Ctrl+Q组合键，将其转换为曲线，然后使用形状工具将矩形编辑为如图1-154所示的形状。

图1-153　绘制的矩形

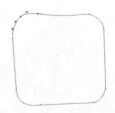

图1-154　编辑后的对象形状

03 选择粗糙笔刷工具 ，并在属性栏中按如图1-155所示设置工具属性。

图1-155　粗糙笔刷工具的属性设置

04 然后在步骤02绘制的对象上拖动鼠标进行涂抹，得到如图1-156所示的粗糙边缘效果。

图1-156　将对象轮廓粗糙处理后的效果

05 将处理后的对象的颜色填充为（C:8、M:69、Y:89、K:0），并取消外部轮廓，如图1-157所示。

图1-157　对象的填充效果

06 选择步骤05完成的对象，再选择交互式透明工具 ，在属性栏的"透明度类型"下拉列表框中选择"标准"选项，并按如图1-158所示设置透明参数。

图1-158　透明参数设置

07 得到如图1-159所示的透明效果。

图1-159　对象的透明效果

08 将透明对象复制两份，然后按如图1-160所示进行排列，作为画面的背景。

图1-160　将透明对象复制并排列后的效果

09 选择卡通猪对象，将它们群组，然后将其移动到背景对象上，调整到适当的大小，如图1-161所示。

图1-161　卡通猪与背景组合后的效果

10 使用贝塞尔工具绘制如图1-162所示的竹节外形，将其填充为线性渐变色，设置渐变色为0%（C:23、M:22、Y:94、K:4）、44%（C:14、M:9、Y:98、K:1）、60%（C:10、M:0、Y:29、K:0）、80%（C:14、M:0、Y:65、K:0）和100%（C:35、M:2、Y:83、K:0）。

图1-162　绘制的竹节外形

11 填充好颜色后，取消对象的外部轮廓，如图1-163所示。

图1-163　竹节对象的填充效果

13 使用贝塞尔工具绘制如图1-165所示的竹叶外形，为其填充从（C:72、M:20、Y:83、K:5）到（C:67、M:0、Y:75、K:0）的线性渐变色，并取消外部轮廓。选择该竹叶对象，按+键将其复制。

图1-165　绘制的竹叶外形

15 选择步骤14中绘制的对象，并同时选择步骤13绘制的竹叶对象，然后单击属性栏中的"修剪"按钮，对复制的竹叶对象进行修剪，最后将修剪后的对象填充为从（C:54、M:13、Y:75、K:2）到（C:40、M:4、Y:62、K:0）的线性渐变色，如图1-167所示。

图1-167　完成后的竹叶效果

17 使用贝塞尔工具在竹叶末端绘制曲线，将曲线的轮廓色设置为（C:75、M:22、Y:100、K:0），以表现竹的枝丫效果，如图1-169所示。

12 将步骤11绘制的竹节对象复制5份，然后按如图1-164所示进行排列组合。

图1-164　竹节对象的排列效果

14 使用贝塞尔工具绘制如图1-166所示的多边形状。

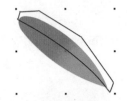

图1-166　绘制的用于修剪的对象

16 将步骤15绘制好的竹叶对象群组，并复制多份，然后按如图1-168所示将竹叶排列在竹竿两侧的适当位置。

图1-168　竹叶对象的排列效果

18 全选绘制的竹对象，按Ctrl+G组合键进行群组，然后将其移动到背景画面的左端，并调整到适当的大小，如图1-170所示。

图1-169 绘制的枝丫效果

图1-170 竹对象在背景中的效果

19 使用贝塞尔工具按竹对象的边缘外形绘制如图1-171所示的曲线对象。

20 将该对象填充为"白色",并取消外部轮廓,如图1-172所示。

图1-171 绘制的曲线对象

图1-172 对象的填充效果

21 保持白色曲线对象的选中状态,然后选择交互式阴影工具▢,在该对象的中心位置按下鼠标左键并向右拖动,为其创建阴影效果,如图1-173所示。

22 创建阴影效果后,单击属性栏中的"复制阴影的属性"按钮▣,光标将变为箭头状态。此时使用箭头光标单击猪对象中的阴影效果,如图1-174所示,即可将指定对象中的阴影属性复制到选取的对象上。

图1-173 创建阴影效果

图1-174 单击用于复制阴影属性的对象

23 复制阴影属性后,在属性栏中将阴影偏移量设置为2.5mm和0.003mm,如图1-175所示。

24 选择卡通猪对象,按Shift+PageUp组合键,将其调整到最上层,如图1-176所示。

图1-175　设置阴影偏移量后的阴影效果

图1-176　将猪对象调整到最上层后的效果

25 单击标准工具栏中的"导入"按钮📇，在弹出的"导入"对话框中选择光盘\源文件与素材\第1章\素材\云朵.cdr文件，如图1-177所示。

26 单击"导入"按钮，将该文件导入到当前文件中。将导入的云朵图案填充为"白色"，然后移动到猪对象的上方，并调整到适当的大小，如图1-178所示。

图1-177　"导入"对话框

图1-178　画面中的云朵效果

27 选择云朵对象，将工具切换到交互式透明工具📇，在属性栏中将透明度类型设置为"标准"，开始透明度设置为46，然后按Enter键，得到如图1-179所示的透明效果。

28 按Ctrl+PageDown组合键，将云朵对象调整为如图1-180所示的排列顺序。

图1-179　云朵对象的透明效果

图1-180　调整排列顺序后的效果

29 在背景画面中绘制一个圆形，将其填充为"白色"，并应用开始透明度为76的标准透明效果，如图1-181所示。

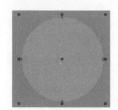

图1-181　绘制的透明圆形

30 使用椭圆形工具并结合"修剪"命令绘制如图1-182所示的圆环。

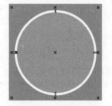

图1-182　绘制的圆环

31 将绘制的圆环填充为"白色"，并取消外部轮廓，然后为其应用开始透明度为46的标准透明效果，如图1-183所示，以表现气泡的边缘效果。

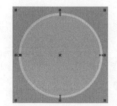

图1-183　圆环的透明效果

32 分别使用椭圆形工具、交互式透明工具（椭圆形应用的是开始透明度为64的标准透明效果），并结合复制和按对象中心调整对象大小的方法，在步骤31制作的透明对象上绘制如图1-184所示的3个椭圆形，以表现气泡中的高光效果。

图1-184　绘制的气泡效果

33 将绘制好的气泡对象群组并复制两份，然后将气泡对象移动到卡通猪画面中，并分别进行排列，完成本实例的制作，效果如图1-185所示。

图1-185　画面中的气泡效果

举一反三 │ 可爱小姐妹 │ ● ● ●

打开光盘\源文件与素材\第1章\源文件\可爱小姐妹.cdr文件，如图1-186所示，然后利用贝塞尔工具、形状工具、椭圆形工具、PostScript底纹填充对话框、交互式填充工具、矢量图转换为位图功能和高斯式模糊效果绘制该文件中的可爱小姐妹造型。

图1-186　可爱小姐妹效果

绘制头部外形　　　绘制整体外形　　　绘制辫子和蝴蝶结　绘制表现脸部层次的对象

将位图作高斯模糊处理　披肩对象的填充效果　　绘制气球　　　绘制人物的投影

● 关键技术要点 ●

01 使用贝塞尔工具 绘制出拿气球的妹妹的基本外形轮廓，并为人物的皮肤、衣服和鞋子填充相应的颜色。

02 使用椭圆形工具 绘制圆形，并填充相应的颜色，然后将圆形复制并进行排列组合，以表现女孩的辫子效果。

03 在妹妹的脸部绘制出用于表现脸部层次和红晕的对象，然后使用"位图→转换为位图"命令分别将各个对象转换为位图。

04 结合使用贝塞尔工具、交互式透明工具、"颜色"泊坞窗和"渐变填充"对话框绘制妹妹手上拿着的气球。

第2章

The 2nd Chapter

▶▶▶

绘制复杂插画图形

　　任何一个复杂的对象都是由多条曲线和多个曲线对象组合堆叠而成的。因此，掌握绘制曲线的方法和利用曲线进行造型的技巧是进行插画创作所要精通的基本技能。本章为读者详细介绍了两种不同类型的插画制作实例，读者可从中学习并体会为这些对象进行造型时所应用到的方法和技巧，以便在自己创作插画时很好地借鉴。

Work1 要点导读

在进行插画设计时，从最初的灵感迸发到最终的设计成形过程中，常常会对稿件进行无数次的修改。因此，掌握在CorelDRAW中编辑和修改曲线以及对曲线进行造型的方法显得尤为重要。

● **添加和删除曲线中的节点**：在曲线上添加节点，可以通过确定节点的位置和调整控制手柄的状态得到更为精确的曲线形状。通过删除曲线上多余的节点可以使曲线更加平滑。使用形状工具在曲线上需要添加节点的位置双击鼠标左键，即可添加一个节点，如图2-1所示。在节点上双击鼠标左键，又可删除该节点，如图2-2所示。

● **移动节点位置**：通过移动节点的位置可以改变曲线的形状。使用形状工具拖移选定的节点到指定的位置即可，如图2-3所示。

图2-1　添加节点　　　　图2-2　删除节点　　　　图2-3　拖移节点

● **更改节点属性**：通过更改节点属性可以方便地将曲线调整为所需的形状。要将平滑节点或对称节点转换为尖突节点，可在选择平滑节点或对称节点后，单击形状工具属性栏中的"使节点成为尖突"按钮即可，如图2-4所示。要将对称节点或尖突节点转换为平滑节点，单击属性栏中的"平滑节点"按钮即可。要将平滑节点和尖突节点转换为对称节点，单击属性栏中的"生成对称节点"按钮即可。

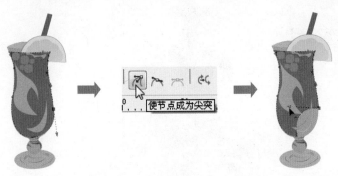

图2-4　将对称节点转换为尖突

● **转换直线与曲线**：要将直线和曲线相互转换，可以在选择对应的节点后，单击形状工具属性栏中的"转换直线为曲线"按钮或"转换曲线为直线"按钮即可。如图2-5所示为将直线转换为曲线并调整曲线形状的效果。

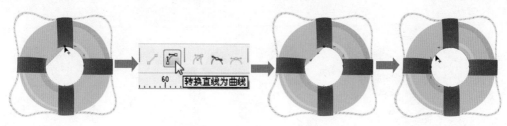

图2-5 将直线转换为曲线

　　在修改造型时，除了可以使用形状工具调整曲线形状外，还可以通过CorelDRAW的造型功能得到所需的曲线外形。使用造型功能可以焊接对象、修剪对象、相交对象、简化对象、前减后或后减前对象。使用挑选工具　同时选择需要造型的对象，在属性栏中可以选择造型对象的方式，如图2-6所示。

图2-6 造型功能按钮

- 焊接对象："焊接"命令可以将多个对象或组合对象焊接为一个具有不规则外形的对象。选择需要焊接的对象，单击属性栏中的"焊接"按钮　即可实现焊接，如图2-7所示。
- 修剪对象："修剪"命令可以修剪掉对象之间重叠的区域，用户可以使用一个或一组对象来修剪其他的对象，如图2-8所示。

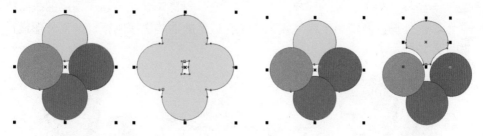

图2-7 焊接对象　　　　　　　　　　　图2-8 修剪对象

- 相交对象："相交"命令用于将两个或多个对象之间重叠的部分创建为一个新的对象，如图2-9所示。

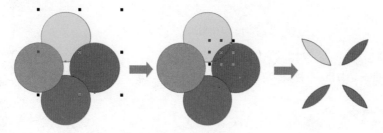

图2-9 相交对象

- 简化对象："简化"命令用于将两个或多个对象之间重叠的部分减去，如图2-10所示。

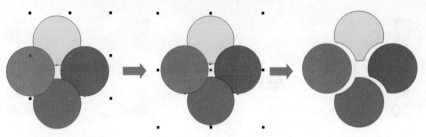

图2-10　简化对象

● 移除后面对象和移除前面对象："前减后"命令可以减去选定对象中除最上层以外的所有对象，同时，最上层对象中与下层对象重叠的部分也会被减去，如图2-11所示。"后减前"命令可以减去选定对象中除最下层以外的所有对象，同时，最下层对象中与上层对象重叠的部分也会被减去，如图2-12所示。

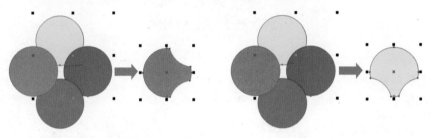

图2-11　移除后面对象　　　　　　　图2-12　移除前面对象

在绘制一些具有粗糙表面的对象，如毛发、绒布等物体时，可以先使用曲线绘制工具绘制一个大致的外形，再使用粗糙笔刷工具在选定的曲线上来回拖动，对外形进行粗糙处理，如图2-13所示。

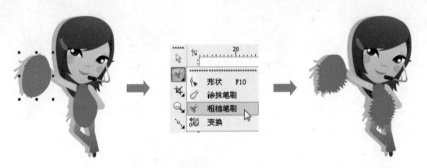

图2-13　对曲线进行粗糙处理

这里只是简单介绍了对曲线进行造型的方法，下面通过对两个不同操作实例的讲解，使读者在实际操作中进一步掌握利用曲线进行造型和插画设计的方法。

Work2　案例解析

了解曲线编辑技巧后，下面通过实例进一步学习利用曲线绘制图形的方法和技巧。

CorelDRAW X4

Example

3

空中小屋

本实例将要绘制的是一个空中小屋的动画效果。通过本实例的学习使读者掌握在进行动漫创作时绘制这类动画场景的方法。

...绘制小屋造型

...绘制欢迎牌

...绘制信箱

...绘制灯

...绘制植物

3.1　效果展示

原始文件：Chapter 2\Example 3\空中小屋.cdr
最终效果：Chapter 2\Example 3\空中小屋.jpg
学习指数：★★★★

本实例的动画场景色彩清新，小屋有可爱的造型，配上绿油油的植物和造型独特的植物灯，以及白云环绕的蓝天作为衬托，使整个画面饱满，而又不失造型上的优美。

3.2 技术点睛

在绘制本实例中的空中小屋动画场景时，需要重点把握对场景整体效果的设计。在绘制过程中，首先要使整个画面色彩清新、亮丽，这就需要在色彩搭配上尽量选用一些明亮度较高而色彩对比度较大的颜色；其次要体现小屋在空中被白云环绕的效果，这就需要考虑如何将白云与小屋组合；最后应注意动画中的物体陈设应以可爱造型为主，这样可增加动画的趣味性。

在绘制本实例时，读者应注意以下几个操作环节。

（1）使用贝塞尔工具绘制出小屋中的各个对象，并为其填充适当的颜色。为对象应用交互式透明效果，表现小屋中的阴影，增强小屋的立体感。

（2）在制作欢迎牌中发光的文字效果时，需要使用交互式阴影工具为文本应用阴影效果。

（3）支撑物上看似复杂的草丛，其实是通过绘制一个草丛对象，再将其复制并排列后得到的。草丛上点缀的小花效果，是通过绘制圆形并将其复制，然后调整不同圆形的大小，再为部分圆形应用透明效果后得到的。

（4）球形植物中不规则的边缘效果是通过绘制一个大圆，然后在大圆边缘上绘制多个小的椭圆形，再将它们焊接后得到的。

（5）植物灯的灯光效果是通过绘制具有灯光外形的对象，然后将该对象转换为位图，再为其应用高斯式模糊效果得到的。

（6）背景中的白云是通过绘制具有白云外形的对象，并为其填充相应的渐变色，然后为其应用白色的阴影效果而得到的。背景中闪烁的星星效果也是为星形对象应用白色的阴影效果得到的。

3.3 步骤详解

绘制本实例的过程将分为3个部分。首先绘制可爱的小屋造型以及小屋周围的陈设物，然后绘制小屋的支撑物和周围漂亮的植物，最后为小屋绘制一个蓝天白云的背景，使小屋呈现空中楼阁的效果。下面一起来完成本实例的制作。

3.3.1 绘制小屋

01 使用贝塞尔工具绘制如图2-14所示的小屋侧面墙外形，为其填充0%和32%（C:2、M:16、Y:52、K:0）、85%和100%（C:2、M:11、Y:23、K:0）的线性颜色，并取消其外部轮廓。

02 绘制如图2-15所示的小屋正面墙外形，为其填充0%和24%（C:13、M:42、Y:93、K:3）、88%和100%（C:0、M:33、Y:76、K:0）的线性颜色，并取消其外部轮廓。

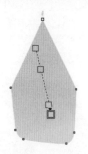

图2-14　绘制的小屋侧面

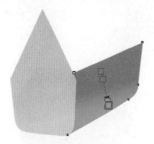

图2-15　绘制的小屋正面

03 绘制如图2-16所示的屋顶一侧外形，为其填充0%和6%（C:32、M:78、Y:0、K:0）、85%和100%（C:55、M:94、Y:0、K:0）的线性渐变色，并取消其外部轮廓。

04 绘制如图2-17所示的屋檐外形，为其填充0%和6%（C:16、M:38、Y:0、K:0）、85%和100%（C:22、M:67、Y:0、K:0）的线性颜色，并取消其外部轮廓。

图2-16　绘制的屋顶一侧

图2-17　绘制的屋檐

05 选择步骤04绘制的屋檐对象，按+键将其复制。在屋檐对象上绘制如图2-18所示的对象。

06 使用步骤05绘制的对象修剪复制的屋檐对象，并将修剪后的对象颜色填充为（C:82、M:100、Y:4、K:0），如图2-19所示。

图2-18　绘制的用于修剪的对象

图2-19　修剪并修改填充色后的效果

07 再为该对象应用开始透明度为79的标准透明效果，如图2-20所示。

08 在屋檐对象上绘制如图2-21所示的对象，为其填充从（C:82、M:100、Y:4、K:0）到（C:82、M:100、Y:4、K:0）的线性渐变色，并设置渐变边界为45%、角度为-11.7°，然后取消其外部轮廓。

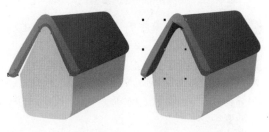

图2-20　对象的透明效果　　图2-21　绘制的对象

09 保持该对象的选择，然后按Ctrl+PageDown组合键，将其调整到屋檐对象的下方，如图2-22所示。

图2-22　调整对象排列顺序后的效果

11 为步骤10中绘制的对象应用开始透明度为47的标准透明效果，如图2-24所示。

图2-24　对象的透明效果

13 选择屋顶侧面的对象，按+键将其复制，然后绘制如图2-26所示的对象。

图2-26　绘制的用于修剪的对象

15 为修剪后的对象应用开始透明度为71的标准透明效果，如图2-28所示。

16 在屋顶上绘制如图2-29所示的屋脊对象，为其填充0%（C:27、M:64、Y:0、K:0）、84%和100%（C:57、M:98、Y:0、K:0）的线性渐变色。

10 在屋檐对象处绘制如图2-23所示的对象，将其颜色填充为（C:19、M:53、Y:98、K:0），并取消其外部轮廓。

图2-23　绘制并填色后的对象

12 连续按Ctrl+PageDown组合键，将对象调整为如图2-25所示的排列顺序。

图2-25　调整对象排列顺序后的效果

14 使用步骤13中绘制的对象修剪复制的屋顶侧面对象，并将修剪后的对象颜色修改为（C:82、M:100、Y:4、K:0）的均匀色，如图2-27所示。

图2-27　为修剪后的对象重新着色后的效果

图2-28　修改后对象的　图2-29　绘制的屋脊
　　　　透明效果　　　　　　　对象

17 取消屋脊外形的外部轮廓，如图2-30所示。

18 在小屋正面墙上绘制如图2-31所示的门板外形，为其填充0%和2%（C:18、M:24、Y:93、K:3）、78%和100%（C:34、M:32、Y:95、K:15）的线性渐变色，并取消其外部轮廓。

图2-30　屋脊对象的填充效果　图2-31　绘制的门板

19 在门板的侧面绘制如图2-32所示的对象，将其颜色填充为（C:59、M:81、Y:96、K:19），并取消其外部轮廓，以表现门板的厚度。

20 使用椭圆形工具在门上绘制如图2-33所示的圆形，为其填充从（C:58、M:47、Y:91、K:45）到（C:53、M:43、Y:87、K:4）的射线渐变色，并取消其外部轮廓，以表现门上的把手。

图2-32　门的厚度效果

图2-33　门上的把手效果

21 使用贝塞尔工具在门的上方绘制如图2-34所示的台面对象，为其填充0%和9%（C:55、M:7、Y:95、K:0）、86%和100%（C:36、M:0、Y:97、K:0）的线性渐变色，并取消其外部轮廓。

22 绘制平台的侧面对象，将其颜色填充为（C:47、M:0、Y:97、K:0），并取消其外部轮廓，如图2-35所示。

图2-34　绘制的台面

图2-35　绘制的平台侧面

23 使用矩形工具在台面的下方绘制如图2-36所示的对象，为其填充从（C:89、M:9、Y:100、K:2）到（C:80、M:0、Y:100、K:0）的线性渐变色，并取消其外部轮廓。

24 选择形状工具，在步骤23绘制的矩形上单击，然后拖动矩形四角处的任一个节点，将该矩形调整为如图2-37所示的圆角矩形。

图2-36　绘制的矩形

图2-37　调整为圆角矩形后的效果

25 同时选择步骤13和步骤14绘制的台面和侧面对象，按+键进行复制，再按下属性栏中的"焊接"按钮，得到如图2-38所示的焊接对象。

26 在焊接对象上绘制如图2-39所示的对象，然后使用该对象修剪焊接后的对象。

图2-38　焊接对象

图2-39　绘制修剪对象

27 将修剪后的对象颜色填充为（C:20、M:0、Y:77、K:0），如图2-40所示。

28 保持该对象的选择状态，然后为其应用开始透明度为61的标准透明效果，如图2-41所示。

图2-40　重新着色后的效果

图2-41　对象的透明效果

29 在门上方的适当位置绘制如图2-42所示的窗口外形，并为其填充从（C:35、M:35、Y:95、K:18）到（C:45、M:53、Y:91、K:44）的线性渐变色。

30 取消窗口外形的外部轮廓，如图2-43所示。

图2-42　绘制的窗口外形

图2-43　窗口对象的填充效果

31 在窗口外形上绘制如图2-44所示的对象，将其填充为"白色"并取消其外部轮廓。

图2-44 绘制的对象

33 选择该位图对象，执行"位图→模糊→高斯式模糊"命令，在弹出的"高斯式模糊"对话框中将"半径"设置为15像素，然后单击"确定"按钮，即可表现出窗口处散发的灯光效果，如图2-46所示。

图2-46 对象的模糊效果

35 绘制如图2-48所示的天窗侧面外形，为其填充从（C:96、M:84、Y:20、K:7）到（C:91、M:38、Y:0、K:0）的线性渐变色，并取消其外部轮廓。

图2-48 绘制的天窗侧面对象

37 在天窗内侧绘制如图2-50所示的对象，为其填充从（C:96、M:84、Y:20、K:7）到（C:91、M:38、Y:0、K:0）的线性渐变色，并取消其外部轮廓。

32 执行"位图→转换为位图"命令，在弹出的"转换为位图"对话框中按如图2-45所示进行选项设置，然后单击"确定"按钮，将该对象转换为位图。

图2-45 "转换为位图"对话框

34 复制步骤33制作的模糊对象，再次执行"位图→模糊→高斯式模糊"命令，在弹出的"高斯式模糊"对话框中将"半径"设置为25像素，然后单击"确定"按钮。将再次模糊后的对象移动到如图2-47所示的位置，以加强窗口处的灯光效果。

图2-47 窗口处的灯光效果

36 绘制如图2-49所示的表示天窗厚度的外形，为其填充从（C:87、M:16、Y:0、K:0）到（C:73、M:2、Y:0、K:0）的线性渐变色，并取消其外部轮廓。

图2-49 绘制的天窗厚度

38 按Ctrl+PageDown组合键，将该对象调整到如图2-51所示的排列顺序，以表现天窗内部可以看到的范围。

图2-50 绘制对象并填充渐变色

图2-51 天窗内部的效果

39 绘制如图2-52所示的对象，为其填充从（C:3、M:15、Y:94、K:0）到（C:0、M:5、Y:65、K:0）的射线渐变色，并取消其外部轮廓。

40 连续按Ctrl+PageDown组合键，将该对象调整为如图2-53所示的排列顺序，以表现天窗开口处的门。

图2-52 绘制的对象效果

图2-53 调整对象排列顺序后的效果

41 在天窗底端绘制如图2-54所示的对象，将其颜色填充为（C:71、M:93、Y:0、K:0），并取消其外部轮廓。

42 为步骤41绘制的对象应用开始透明度为57的标准透明效果，如图2-55所示。

图2-54 绘制的对象

图2-55 对象的透明效果

43 按Ctrl+PageDown组合键，将该对象调整为如图2-56所示的排列顺序，以表现天窗的投影。

44 将绘制的天窗对象群组，然后移动到小屋的屋顶上，并调整到适当的大小，效果如图2-57所示。

图2-56 调整对象的 排列顺序

图2-57 小屋上的 天窗效果

45 绘制如图2-58所示的窗玻璃对象，将其颜色填充为（C:56、M:97、Y:96、K:16），取消其外部轮廓。

46 复制窗玻璃对象，并绘制如图2-59所示的用于修剪的对象。

图2-58　绘制的窗玻璃

图2-59　绘制的修剪对象

47 使用步骤46绘制的对象修剪窗玻璃对象，得到如图2-60所示的修剪效果，将修剪后的对象填充为从（C:34、M:34、Y:94、K:17）到（C:45、M:53、Y:91、K:44）的线性渐变色。

48 在窗玻璃上绘制如图2-61所示的窗条对象，并将其颜色填充为（C:22、M:34、Y:95、K:0），然后取消其外部轮廓。

图2-60　修剪和填色效果

图2-61　绘制的窗条

49 绘制如图2-62所示的雨棚外形，为其填充从（C:87、M:16、Y:0、K:0）到（C:73、M:2、Y:0、K:0）的线性渐变色，并取消其外部轮廓。

50 复制雨棚外形，并为其重新设置线性渐变色参数，设置渐变色为从（C:3、M:15、Y:94、K:0）到（C:3、M:5、Y:65、K:0），如图2-63所示。

图2-62　绘制的雨棚

图2-63　为复制对象重新着色

51 采用绘制和复制的方法绘制如图2-64所示的两个用于修剪的对象。

52 使用步骤51复制的两个对象修剪步骤50复制的雨棚外形对象，得到如图2-65所示的修剪效果。

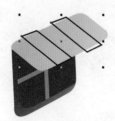

图2-64　绘制的修剪对象

图2-65　修剪后的效果

53 绘制雨棚的侧面，为该对象填充从（C:89、M:47、Y:27、K:0）到（C:80、M:24、Y:16、K:0）的线性渐变色，并取消其外部轮廓，如图2-66所示。

图2-66　绘制的雨棚侧面

55 在雨棚对象的左边绘制如图2-68所示的对象，为其填充从（C:96、M:84、Y:20、K:7）到（C:91、M:38、Y:0、K:0）的线性渐变色，并取消其外部轮廓。

图2-68　绘制的对象

57 将绘制好的窗户和雨棚对象群组，然后移动到小屋的正面墙上，按如图2-70所示调整其大小和位置。

图2-70　小屋的窗户和雨棚效果

59 取消外部轮廓，以表现屋顶在墙上的阴影，如图2-72所示。

60 绘制如图2-73所示的两个对象，将左边对象填充为0%和47%（C:96、M:84、Y:20、K:7）、100%（C:96、M:44、Y:0、K:0）的线性渐变色，将右边的对象填充为从（C:87、M:25、Y:0、K:0）到（C:73、M:0、Y:0、K:0）的线性渐变色，然后取消它们的外部轮廓，以表现烟囱的柱子形状。

54 按Ctrl+PageDown组合键，将雨棚侧面对象调整到雨棚对象的下方，如图2-67所示。

图2-67　调整对象排列顺序后的效果

56 按Ctrl+PageDown组合键，将该对象调整到雨棚和侧面对象的下方，完成雨棚效果的绘制，如图2-69所示。

图2-69　完成后的雨棚效果

58 在屋顶的下方绘制如图2-71所示的对象，将其颜色填充为（C:17、M:55、Y:96、K:0）。

图2-71　绘制的对象

图2-72　屋顶在墙上的　　图2-73　绘制的烟囱
阴影效果　　　　　　　柱子形状

61 在烟囱柱子上分别绘制如图2-74和图2-75所示的对象，将左边对象填充为0%（C:27、M:64、Y:0、K:0）、57%和100%（C:71、M:98、Y:23、K:9）的线性渐变色，将右边对象填充为从（C:16、M:38、Y:0、K:0）到（C:34、M:81、Y:0、K:0）的线性渐变色，然后取消它们的外部轮廓，以表现烟囱顶部的形状。

图2-74　左边的效果　　图2-75　右边的效果

62 在烟囱顶部对象的下方绘制如图2-76所示的对象，为其填充从（C:71、M:98、Y:23、K:9）到（C:82、M:96、Y:35、K:30）的线性渐变色，并取消其外部轮廓，以表现烟囱顶部的厚度。

图2-76　烟囱顶部厚度效果

63 在烟囱柱子的左面绘制如图2-77所示的3个对象，将其颜色填充为（C:62、M:0、Y:30、K:0），并取消其外部轮廓，然后为它们应用开始透明度为66的标准透明效果，以表现柱子上的纹路效果。

图2-77　柱子左面的纹路效果

64 将绘制的3个纹路对象复制到右边的烟囱柱子上，并水平镜像，然后将其颜色填充为（C:39、M:0、Y:96、K:0），并取消其外部轮廓，效果如图2-78所示。

图2-78　柱子右面的纹路效果

65 将绘制好的烟囱对象群组，然后移动到小屋的屋顶，按如图2-79所示调整其大小和位置。

图2-79　小屋的烟囱效果

66 按Shift+PageDown组合键，将其调整到最下方，如图2-80所示。

图2-80　完成后的小屋造型

67 绘制如图2-81所示的对象，将其颜色填充为（C:57、M:58、Y:94、K:13），并取消其外部轮廓。

68 复制该对象，并将复制的对象向右下角移动到适当的位置，然后修改颜色为从（C:28、M:7、Y:29、K:0）到（C:42、M:25、Y:52、K:9）的线性渐变色，如图2-82所示。

图2-81　绘制的对象

图2-82　复制并修改填充色后的效果

69 复制选定的对象，按住Shift键将其按对象中心缩小到如图2-83所示的大小，然后修改颜色为从（C:78、M:0、Y:25、K:0）到（C:89、M:5、Y:31、K:0）的线性渐变色。

70 在步骤69绘制的对象右上角绘制如图2-84所示的对象，将其颜色填充为（C:85、M:29、Y:54、K:1），并取消其外部轮廓，以表现欢迎牌上凸出部位产生的阴影。

图2-83　修改复制的对象后的效果

图2-84　绘制的阴影对象

71 绘制如图2-85所示的受光对象，将其填充为"白色"，并取消外部轮廓。

72 为受光对象应用开始透明度为75的标准透明效果，如图2-86所示，以表现欢迎牌上凸出部位受光的效果。

图2-85　绘制的受光对象

图2-86　对象的透明效果

73 使用椭圆形工具并结合"修剪"命令绘制如图2-87所示的笑脸对象，为其填充从（C:2、M:4、Y:78、K:0）到（C:2、M:20、Y:83、K:0）的线性渐变色，并取消其外部轮廓。

74 使用文本工具 字 输入文本Welcome，将字体设置为Brush Script Std，如图2-88所示。

图2-87　绘制的笑脸

图2-88　输入的文本

75 选择交互式阴影工具 口，在步骤74输入的文字上单击，然后拖动鼠标为其应用阴影效果，并在属性栏中将"阴影颜色"设置为白色、"透明度操作"设置为正常、"阴影羽化方向"设置为向外、"阴影的不透明度"设置为77、"阴影羽化"设置为78，效果如图2-89所示。

图2-89　文本对象上的阴影效果

76 使用矩形工具并结合形状工具，绘制如图2-90所示的圆角矩形。

图2-90　绘制的圆角矩形

78 将绘制的对象的颜色填充为（C:61、M:68、Y:96、K:20），并取消其外部轮廓，如图2-92所示。

图2-92　对象的填充效果

80 绘制如图2-94所示的欢迎牌支架对象，为其填充从（C:40、M:15、Y:20、K:2）到（C:54、M:22、Y:40、K:6）的线性渐变色，并取消其外部轮廓，然后按+键将其复制一份作为备份。

81 在支架对象上绘制如图2-95所示的纹路对象，将其颜色填充为（C:16、M:5、Y:30、K:0），并取消其外部轮廓。

图2-95　绘制的纹路对象

83 将步骤82中绘制的纹路对象复制，并按如图2-97所示进行排列。

77 按Ctrl+Q组合键，将矩形转换为曲线，然后将其调整为如图2-91所示的形状。

图2-91　编辑形状后的矩形对象

79 复制该对象，并缩小其高度，然后修改其填充色为从（C:48、M:29、Y:65、K:14）到（C:59、M:36、Y:89、K:22）的线性渐变色，如图2-93所示。

图2-93　复制并修改后的对象效果

图2-94　绘制的支架对象

82 为其应用开始透明度为27的标准透明效果，如图2-96所示。

图2-96　纹路对象的透明效果

84 全选所有的纹路对象，然后执行"效果→图框精确剪裁→放置在容器中"命令，将它们放置在支架对象中，效果如图2-98所示。

图2-97 排列后的纹路效果

图2-98 纹路对象被精确剪裁后的效果

85 按Alt键选择步骤80备份的支架对象，按Shift+PageUp组合键，将其调整到最上层。绘制如图2-99所示的用于修剪的对象。

86 使用该对象修剪备份的支架对象，将修剪后的对象的颜色填充为（C:71、M:36、Y:77、K:2），并为其应用开始透明度为67的标准透明效果，如图2-100所示。

图2-99 绘制用于修剪的对象

图2-100 为修剪的对象着色并设置透明度

87 将绘制好的支架对象群组，然后移动到欢迎牌上，按如图2-101所示调整其大小和位置。

88 复制支架对象，并将其水平镜像，然后移动到如图2-102所示的位置。

图2-101 调整大小和位置

图2-102 复制并镜像支架对象

89 同时选择两个支架对象，按Shift+PageDown组合键，将其调整到最下方，如图2-103所示。

90 绘制如图2-104所示的圆角矩形，将其填充为从（C:40、M:15、Y:20、K:2）到（C:54、M:22、Y:40、K:6）的线性渐变色，并取消其外部轮廓，作为欢迎牌的第3根支架。

图2-103 调整排列
支架顺序

图2-104 绘制第3根
支架

91 绘制该支架上的纹路，如图2-105所示。

图2-105 支架上纹路效果

92 将绘制好的第3根支架移动到欢迎牌上，调整其大小和位置，按Shift+PageDown组合键，将其调整到最下方，如图2-106所示。

图2-106 调整支架位置

93 绘制如图2-107所示的椭圆，为其填充从（C:45、M:35、Y:97、K:20）到（C:41、M:47、Y:98、K:31）的线性渐变色，并取消其外部轮廓。

图2-107 绘制的椭圆

94 复制该圆形，并调整到如图2-108所示的大小，然后修改为（C:71、M:80、Y:89、K:42）的均匀色。

图2-108 复制并修改后的椭圆

95 绘制如图2-109所示的半椭圆形，为其填充0%（C:51、M:45、Y:88、K:36）、43%（C:44、M:36、Y:58、K:20）、100%（C:51、M:45、Y:88、K:36）的线性渐变色，并取消其外部轮廓。

图2-109 绘制的半椭圆形

96 按Ctrl+PageDown组合键，将其调整到椭圆形的下方，如图2-110所示。

图2-110 椭圆形的排列顺序

97 将绘制好的支架底座对象群组，然后移动到中间的支架底部，调整到适当的大小，并调整到支架对象的下方，如图2-111所示。

98 将绘制好的欢迎牌中的所有对象群组，然后移动到小屋的前方，并调整到适当的大小，如图2-112所示。

图2-111 支架对象下方的底座效果 　图2-112 欢迎牌与小屋的效果

99 绘制如图2-113所示的对象，为其填充从（C:28、M:61、Y:75、K:16）到（C:7、M:36、Y:85、K:0）的线性渐变色，并取消其外部轮廓。

图2-113 绘制的对象

101 绘制如图2-115所示的对象，将其颜色填充为（C:34、M:95、Y:98、K:2），并取消其外部轮廓。

图2-115 绘制的对象

103 绘制如图2-117所示的信箱侧面外形，为其填充从（C:0、M:61、Y:50、K:0）到（C:5、M:81、Y:89、K:0）的线性渐变色，并取消其外部轮廓。

图2-117 绘制的信箱侧面外形

105 将其颜色填充为（C:10、M:96、Y:94、K:0），如图2-119所示。

图2-119 对象的填充效果

100 在步骤99绘制的对象上绘制一个椭圆形，并将步骤99绘制的对象中的填充色复制到该椭圆对象上，并修剪其渐变角度，效果如图2-114所示。

图2-114 绘制的椭圆

102 为其应用开始透明度为61的标准透明效果，以表现此处的投影，如图2-116所示。

图2-116 对象的透明效果

104 绘制如图2-118所示的信箱口外形。

图2-118 绘制的信箱口外形

106 将该对象复制两份，将其中一个复制的对象缩小到如图2-120所示的大小。

图2-120 缩小将复制对象

107 使用该对象修剪另一个复制的对象，得到如图2-121所示的修剪效果。

图2-121 修剪并重新着色

109 在信箱口的下方绘制如图2-123所示的对象，将其颜色填充为（C:34、M:100、Y:98、K:2）。

图2-123 绘制的信箱底部对象

111 复制信箱的侧面对象，并绘制如图2-125所示的用于修剪的对象。

图2-125 绘制的用于修剪的对象

113 在信箱侧面的下方绘制如图2-127所示的对象，将其颜色填充为（C:30、M:82、Y:94、K:1），并取消其外部轮廓，然后为其应用开始透明度为66的标准透明效果。

108 将修剪后的对象填充为从（C:3、M:9、Y:13、K:0）到（C:2、M:36、Y:59、K:0）的线性渐变色。取消信箱上所有对象的外部轮廓，效果如图2-122所示。

图2-122 取消信箱上对象的外部轮廓

110 取消步骤109绘制对象的外部轮廓，然后将其调整到如图2-124所示的排列顺序。

图2-124 对象的排列顺序

112 使用该对象修剪信箱侧面对象，然后将修剪后的对象的颜色填充为（C:23、M:99、Y:97、K:0），并为其应用开始透明度为83的标准透明，效果如图2-126所示。

图2-126 对象的透明效果

图2-127 绘制的对象

114 将其调整到如图2-128所示的排列顺序，以表现信箱在支架上的投影。

图2-128 调整后的排列顺序

116 绘制如图2-130所示的对象，将其填充为"红色"，以表现盖面的厚度。

图2-130 盖面的厚度效果

118 将其填充为"白色"，并使用交互式透明工具为其应用标准透明效果，以进一步突出盖面的厚度，如图2-132所示。

图2-132 盖面厚度效果

120 复制该草丛对象，并绘制如图2-134所示的用于修剪的对象。

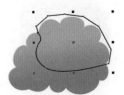

图2-134 绘制的修剪对象

115 绘制如图2-129所示的信箱盖面，为其填充从（C:2、M:25、Y:31、K:0）到（C:2、M:67、Y:72、K:0）的线性渐变色，并取消其外部轮廓。

图2-129 绘制的信箱盖面

117 在盖面上绘制如图2-131所示的对象。

图2-131 绘制的对象

119 绘制如图2-133所示的草丛外形，为其填充从（C:18、M:9、Y:62、K:1）到（C:44、M:11、Y:87、K:2）的线性渐变色，并取消其外部轮廓。

图2-133 绘制的草丛对象

121 使用该对象的颜色修剪复制的草丛对象，并将修剪后的对象的颜色填充为（C:50、M:10、Y:100、K:0），如图2-135所示。

图2-135 为对象重新着色

122 绘制如图2-136所示的花瓣对象，将其填充为"白色"。

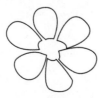

图2-136　绘制的花瓣对象

124 将其填充为从（C:1、M:85、Y:27、K:0）到（C:2、M:20、Y:16、K:0）的射线渐变色。复制绘制好的花朵对象，将其中的花蕊对象填充为从（C:2、M:31、Y:96、K:0）到（C:4、M:1、Y:24、K:0）的射线渐变色，如图2-138所示。

125 将步骤124绘制好的两种花朵对象分别群组，并移动到草丛对象上，按如图2-139所示进行排列。

图2-139　花朵和草丛的组合

127 将绘制好的草丛和花朵对象群组，然后移动到信箱的盖面上，调整到适当的大小，如图2-141所示。

图2-141　草丛、花朵与信箱的组合

129 复制该矩形对象，将其调整到如图2-143所示的大小，并为其填充从（C:16、M:11、Y:7、K:0）到"白色"的线性渐变色。

123 绘制如图2-137所示的花蕊对象。

图2-137　绘制的花蕊对象

图2-138　另一类花朵的效果

126 使用椭圆形工具并结合复制命令在草丛对象上绘制圆形，将其填充为"白色"，以表现草丛中的其他小花效果，如图2-140所示。

图2-140　草丛中的小花

128 绘制一个矩形，将其旋转到相应的角度，并将其颜色填充为（C:18、M:8、Y:19、K:0），然后取消其外部轮廓，如图2-142所示。

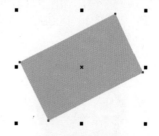

图2-142　绘制矩形

130 绘制如图2-144所示的3个对象，将它们的颜色填充为（C:18、M:8、Y:19、K:0），并取消其外部轮廓，以表现信箱中的信件效果。

图2-143　复制并重新着色

图2-144　绘制的信件效果

131 在信件对象的下方绘制如图**2-145**所示的两个对象，将它们的颜色填充为"白色"和（C:37、M:16、Y:99、K:0），并取消其外部轮廓，然后为白色对象应用开始透明度为60的标准透明效果。

图2-145　绘制的对象

132 为绿色对象应用开始透明度为47的标准透明效果，以表现信件的投影，如图2-146所示。

133 在信件上绘制如图**2-147**所示的心形，为其填充从（C:1、M:96、Y:91、K:0）到（C:16、M:94、Y:95、K:4）的线性渐变色，并取消其外部轮廓。

图2-146　对象的透明效果

图2-147　绘制心形

134 在心形对象上绘制如图2-148所示的对象，为其填充从（C:1、M:39、Y:13、K:0）到"白色"的线性渐变。

135 取消步骤134绘制对象的外部轮廓。绘制好后的信件效果如图2-149所示。

图2-148　反光效果

图2-149　绘制好后的信件

136 将信件对象群组，然后放置在信箱上，并调整到适当的大小，如图2-150所示。

137 将绘制好的所有信箱对象群组，然后移动到小屋左边的适当位置，并调整到适当的大小，如图2-151所示。

图2-150　绘制完成的信箱效果

图2-151　小屋与信箱对象组合后的效果

138 绘制如图2-152所示的圆形，将其颜色填充为（C:30、M:36、Y:99、K:0），并取消其外部轮廓。

139 复制该圆形，将其向下移动到适当的位置，并修改填充色为从（C:18、M:11、Y:65、K:1）到（C:9、M:5、Y:26、K:0）的射线渐变，如图2-153所示。

图2-152　绘制圆形

图2-153　复制并修改对象颜色

140 继续复制该圆形，将其缩小到一定的大小，然后修改其填充色为从（C:2、M:31、Y:96、K:0）到（C:2、M:31、Y:96、K:0）的线性渐变，如图2-154所示。

141 采用对圆形进行复制并修剪的方法绘制如图2-155所示的对象，将其颜色填充为（C:30、M:36、Y:99、K:0），完成另一个欢迎牌外形的绘制。

图2-154　复制并修改对象颜色

图2-155　绘制的另一个欢迎牌

142 全选步骤141绘制完成的欢迎牌对象，将其复制一份到空白位置，然后将复制的对象旋转一定的角度，并适当调整其中部分对象的大小，再按如图2-156所示调整各个对象的颜色。

① （C:58、M:3、Y:65、K:0）到（C:86、M:2、Y:66、K:0）的线性渐变
② （C:88、M:36、Y:93、K:4）

143 将步骤142中的对象群组，然后移动到欢迎牌上，按如图2-157所示进行排列组合，作为欢迎牌上的点缀图案。

图2-156　复制并修对象

144 在欢迎牌中输入文本"I love you！"，设置字体为Arial，文本颜色为（C:0、M:65、Y:76、K:0），并将文本旋转一定的角度，如图2-158所示。

图2-157　欢迎牌上的点缀图案

图2-158　欢迎牌中的文字

145 绘制欢迎牌的支架对象，将其填充为从（C:32、M:14、Y:57、K:2）到（C:42、M:18、Y:82、K:4）的线性渐变色，并取消其外部轮廓，如图2-159所示。

图2-159　绘制支架

146 在欢迎牌与支架交接处绘制如图2-160所示的对象，将其颜色填充为（C:80、M:100、Y:0、K:0），并取消其外部轮廓，然后为其应用开始透明度为**79**的标准透明效果，以表现此处的阴影。

147 将绘制好的欢迎牌对象群组，然后移动到小屋左边的信箱对象处，并调整到适当的大小，如图2-161所示。

图2-160　制作阴影效果

图2-161　小屋旁边的欢迎牌效果

3.3.2　绘制小屋的支撑物和周围的植物

01 绘制如图2-162所示的类似于椭圆的对象，将其颜色填充为（C:65、M:24、Y:99、K:1），并取消其外部轮廓。

02 在步骤01绘制的对象上绘制如图2-163所示的椭圆形，为其填充从（C:54、M:4、Y:73、K:0）到（C:38、M:2、Y:65、K:0）的线性渐变色，并取消其外部轮廓。

图2-162　绘制的类似椭圆的对象

图2-163　绘制的椭圆形

03 绘制如图2-164所示的支柱对象，为其填充从（C:76、M:33、Y:98、K:20）到（C:57、M:27、Y:98、K:11）的线性渐变色，并取消其外部轮廓，然后将支柱对象调整到椭圆形对象的下方。

04 在支柱上方绘制如图2-165所示的对象，将其颜色填充为（C:84、M:50、Y:96、K:22），并取消其外部轮廓，以表现此处的投影。

图2-164 绘制的支柱

图2-165 支柱上方的投影

05 绘制如图2-166所示的曲线对象，将其颜色填充为（C:75、M:45、Y:100、K:4），并取消其外部轮廓。将绘制的曲线对象移动到支柱的左边，调整其大小和位置。

06 复制该曲线对象，并将其水平镜像，然后水平移动到支柱的右边，如图2-167所示。

图2-166 绘制的曲线对象

图2-167 镜像复制对象

07 同时选择支柱两边的曲线对象，连续按Ctrl+PageDown组合键，将其调整到支柱的下方，如图2-168所示。

08 绘制如图2-169所示的草丛对象，为其填充0%（C:29、M:0、Y:82、K:0）、42%（C:45、M:0、Y:91、K:0）、100%（C:63、M:0、Y:100、K:0）的线性渐变色，并取消其外部轮廓。

图2-168 完成后的支撑物造型

图2-169 绘制的草丛对象

09 复制步骤08绘制的草丛对象，并将复制的对象按如图2-170所示进行排列，并按图中所示调整各个对象的渐变填充角度。

10 绘制如图2-171所示的草丛对象，为其填充从（C:38、M:2、Y:100、K:0）到（C:65、M:1、Y:100、K:0）的线性渐变色，并取消其外部轮廓。

图2-170 将复制的对象排列并修改渐变角度后的效果

图2-171 绘制的草丛对象

11 复制步骤10绘制的草丛对象，并绘制如图2-172所示的用于修剪的对象。

12 使用该对象修剪草丛对象，再将修剪后的对象的颜色填充为（C:65、M:2、Y:100、K:0），并为其应用开始透明度为47的标准透明效果，如图2-173所示。

图2-172　绘制的用于修剪的对象

图2-173　被修剪对象中的透明效果

13 将步骤12中的草丛对象复制，并将复制的对象按如图2-174所示排列在支撑物上，然后适当调整各个对象中的渐变角度。

14 将步骤08中绘制的草丛对象复制两份，再将复制的对象放置在支撑物的右上角，如图2-175所示。然后将位于上方的草丛对象填充从（C:29、M:0、Y:100、K:0）到（C:47、M:2、Y:100、K:0）的线性渐变色，并应用开始透明度为20的标准透明效果；将位于下方的草丛对象填充从（C:29、M:0、Y:82、K:0）到（C:63、M:0、Y:100、K:0）的线性渐变色。

图2-174　复制并排列后的草丛效果

图2-175　为复制的对象重新着色后的效果

15 同时选择如图2-176所示的3个草丛对象，并将它们调整到最上方。

16 单击属性栏中的"焊接"按钮，得到如图2-177所示的焊接效果。

图2-176　选择的对象

图2-177　对象的焊接效果

17 使用形状工具调整该对象下方节点的位置，效果如图2-178所示。

18 修改该对象的填充色为0%（C:29、M:0、Y:100、K:0）、54%（C:38、M:1、Y:90、K:0）、100%（C:47、M:2、Y:100、K:0）的线性渐变色，如图2-179所示。

图2-178　调整下方节点的位置

图2-179　修改对象的填充色

19 为该对象应用开始透明度为20的标准透明效果，如图2-180所示。

20 按如图2-181所示调整草丛对象的前后排列顺序。

图2-180 对象的透明效果

图2-181 调整对象顺序

21 将绘制好的小屋及其周围的陈设对象放置在草丛上，按如图2-182所示调整它们的大小和位置。

图2-182 小屋在草丛上的效果

22 分别选择欢迎牌和信箱对象，按照如图2-183所示的排列效果调整它们的前后排列顺序。

图2-183 调整排列顺序

23 使用椭圆形工具绘制如图2-184所示的圆形与椭圆形组合。

图2-184 绘制圆形与椭圆

24 将圆形与椭圆形焊接，得到如图2-185所示的对象。

图2-185 圆形与椭圆形的焊接效果

25 将焊接后的对象填充从（C:71、M:7、Y:100、K:0）到（C:27、M:9、Y:95、K:1）的线性渐变色，并取消其外部轮廓，如图2-186所示。

图2-186 填充颜色

26 复制步骤25中填充好颜色的对象，将其颜色填充为（C:74、M:22、Y:100、K:0），如图2-187所示。

图2-187 重新着色

27 为步骤26中的对象应用开始透明度为61的标准透明效果，如图2-188所示。

28 复制该对象，修改其填充色为（C:45、M:18、Y:100、K:0），然后调整到如图2-189所示的大小和位置。

图2-188　对象的透明效果

图2-189　调整复制的对象

29 复制步骤28中最后制作的对象，将其移动到如图2-190所示的位置（这里将对象填充为"灰色"，是为了更好地观察对象所处的位置）。

30 使用该对象修剪步骤29中的两个对象，得到如图2-191所示的效果，以表现球形植物的造型。

图2-190　将对象复制后的位置

图2-191　对象的修剪效果

31 使用椭圆形工具并结合使用复制命令在球形植物上绘制如图2-192所示的圆形，并为部分圆形应用标准透明效果，以表现该对象上的绒球。

32 在球形植物下方绘制如图2-193所示的茎杆，为其填充从（C:33、M:29、Y:87、K:12）到（C:38、M:44、Y:98、K:27）的线性渐变色，并取消其外部轮廓。

图2-192　绘制的球形植物上的绒球

图2-193　绘制的茎杆对象

33 在茎杆上方绘制如图2-194所示的对象，将其颜色填充为（C:69、M:56、Y:96、K:21）。

34 取消步骤33绘制的对象的外部轮廓，然后为该对象应用开始透明度为67的标准透明效果，以表现球形植物在茎杆上的投影，如图2-195所示。

图2-194　绘制的阴影

图2-195　球形植物效果

35 将球形植物对象复制一份到空白区域上，并按如图2-196所示修改各个对象的颜色。

① 从（C:45、M:19、Y:98、K:5）到（C:24、M:11、Y:64、K:2）的线性渐变

② （C:56、M:39、Y:99、K:5）

③ （C:31、M:58、Y:99、K:1），开始透明度为67的标准透明效果

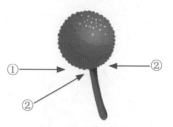

图2-196 调整各个对象的颜色

36 删除该对象上的绒球对象，只保留一个圆形对象，并将其移动到如图2-197所示的位置。

图2-197 只保留一个圆形对象后的效果

37 将绘制好的球形植物对象群组，然后分别放置在小屋的周围，按如图2-198所示进行排列。

图2-198 球形植物的排列效果

38 绘制如图2-199所示的植物蔓藤对象，为其填充从（C:34、M:7、Y:95、K:0）到（C:56、M:13、Y:98、K:2）的线性渐变色，并取消其外部轮廓。

图2-199 绘制的蔓藤对象

39 将绘制的蔓藤对象复制3份，并按如图2-200所示进行排列。

图2-200 对象的排列效果

40 绘制如图2-201所示的绿叶对象，将叶片对象的颜色填充为（C:50、M:2、Y:100、K:0），叶茎对象的颜色填充为（C:87、M:26、Y:98、K:1），并为其应用开始透明度为78的标准透明效果。

图2-201 绘制的绿叶对象

41 将绿叶对象群组，并复制多份，然后按如图2-202所示排列在小屋周围的植物上。

图2-202 绿叶对象的排列效果

42 按照如图2-203所示的效果调整绿叶对象的前后排列顺序。

图2-203 调整绿叶对象的排列顺序

44 在灯罩外形上绘制如图2-205所示的椭圆，将其颜色填充为（C:76、M:16、Y:100、K:4），并取消其外部轮廓。

图2-205 绘制椭圆

46 复制灯罩外形对象，并绘制一个用于修剪的对象，然后使用修剪功能对复制的灯罩对象进行修剪。将修剪后的对象的颜色填充为（C:76、M:16、Y:100、K:4），并为其应用开始透明度为76的标准透明效果，以表现灯罩上的阴影，如图2-207所示。

47 绘制如图2-208所示的灯头外形，为其填充从（C:85、M:34、Y:19、K:0）到（C:72、M:9、Y:8、K:0）的线性渐变色。

图2-208 绘制的灯头

49 复制灯头对象，并通过绘制用于修剪的对象和使用修剪功能对复制的灯头对象进行修剪，得到如图2-210所示的修剪效果。

43 绘制如图2-204所示的灯罩外形，为其填充从（C:20、M:2、Y:74、K:0）到（C:57、M:6、Y:91、K:0）的线性渐变色，并取消其外部轮廓。

图2-204 绘制灯罩

45 复制该椭圆，并将复制的椭圆缩小到如图2-206所示的大小，然后修改其填充色为"浅黄色"。

图2-206 缩小对象并重新着色

图2-207 灯罩上的阴影效果

48 取消灯头的外部轮廓，然后将其调整到灯罩对象的下方，如图2-209所示。

图2-209 灯头对象排列效果

50 将修剪后的对象的颜色填充为（C:84、M:29、Y:34、K:1），并为其应用开始透明度为72的标准透明效果，如图2-211所示。

图2-210　修剪后的对象

图2-211　对象的透明效果

51 绘制如图2-212所示的灯杆对象。

图2-212　绘制的灯杆

52 为灯杆对象填充从（C:34、M:7、Y:95、K:0）到（C:56、M:13、Y:98、K:2）的线性渐变色，并按如图2-213所示设置交互式填充工具属性栏选项，然后取消对象的外部轮廓。

图2-213　交互式工具属性栏设置

53 绘制如图2-214所示的叶片对象，为其填充从（C:30、M:2、Y:93、K:0）到（C:64、M:5、Y:96、K:0）的线性渐变色，取消对象的外部轮廓。

图2-214　绘制的叶片

54 复制步骤53绘制的叶片对象，并绘制如图2-215所示的用于修剪的对象。

图2-215　绘制的用于修剪的对象

55 使用步骤54绘制的对象修剪叶片对象，得到如图2-216所示的修剪效果，再将修剪后的对象的颜色填充为（C:85、M:13、Y:100、K:0）。

图2-216　为对象重新着色

56 将步骤55中绘制好的绿叶对象群组，并复制两份，然后排列在灯杆的两边，效果如图2-217所示。

57 将绘制好的灯对象群组，然后放置在小屋右边的适当位置，并调整到适当的大小，如图2-218所示。

图2-217　绘制完成后的灯效果

图2-218　灯与小屋组合后的效果

58 在小屋支撑物的支柱上绘制如图2-219所示的蔓藤对象，为它们填充从（C:38、M:2、Y:65、K:0）到（C:65、M:1、Y:93、K:0）的线性渐变色，并取消其外部轮廓。

图2-219　绘制的蔓藤对象

59 将步骤55中绘制的绿叶对象复制3份到步骤58绘制的蔓藤上，按如图2-220所示调整其大小和位置。

图2-220　蔓藤上的绿叶对象

60 使用椭圆形工具在小屋左边的草丛对象上绘制如图2-221所示的圆形，为其点缀小花效果。

图2-221　小屋左边草丛点缀小花效果

61 将绘制的圆形复制到信箱处的草丛对象上，如图2-222所示。

图2-222　复制圆形到草丛上效果

62 在小屋的下方绘制如图2-223所示的投影对象，将其颜色填充为（C:71、M:2、Y:99、K:0）。

图2-223　绘制的投影对象

63 取消投影对象的外部轮廓，然后为其应用开始透明度为66的标准透明效果，如图2-224所示。

图2-224　对象的透明效果

64 连续按**Ctrl+PageDown**组合键，将投影调整到小屋对象的下方，以表现小屋的投影效果，如图2-225所示。

图2-225　对象的排列顺序

3.3.3 绘制蓝天云彩

01 使用矩形工具绘制如图2-226所示的矩形。

02 为矩形填充0%（C:84、M:0、Y:0、K:0）、29%（C:89、M:5、Y:0、K:0）、57%（C:93、M:58、Y:6、K:1）、100%（C:96、M:75、Y:0、K:4）的线性渐变色作为蓝天的背景，如图2-227所示。

图2-226 绘制的矩形   图2-227   矩形的填充效果

03 绘制如图2-228所示的云彩对象，为其填充从（C:29、M:0、Y:3、K:0）到"白色"的线性渐变色，并取消其外部轮廓。

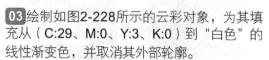

图2-228   绘制的云彩对象

04 使用交互式阴影工具为步骤03绘制的云彩对象应用如图2-229所示的阴影效果。

图2-229   云彩对象上的阴影效果

05 将"阴影颜色"设置为白色，"阴影羽化方向"设置为平均，其他阴影属性设置如图2-230所示。

图2-230   阴影属性设置

06 将云彩对象放置在背景画面中，并将其复制，然后按如图2-231所示进行排列。

图2-231   背景中的云彩效果

07 绘制另一种形状的云彩对象，将前面绘制的云彩对象中的填充色复制到该对象上，并按如图2-232所示调整渐变的角度。

图2-232   绘制另一种云彩

08 将该云彩对象放置在背景中，并为其应用开始透明度为35的标准透明效果，如图2-233所示。

09 为该对象应用如图2-234所示的阴影效果，并将"阴影颜色"设置为白色、透明度操作设置为正常、"阴影羽化方向"设置为平均、"阴影的不透明度"设置为100、"阴影羽化"设置为8。

图2-233　云彩的透明效果

图2-234　云彩的阴影效果

10 保持该云彩对象的选择状态，将其复制到背景画面的左下角，并将其水平镜像，然后单击属性栏中的 按钮，取消该对象上的阴影效果。切换到交互式透明工具，在属性栏中将该对象中的开始透明度设置为42，效果如图2-235所示。

11 将前面绘制好的小屋、小屋支撑物和周围的植物对象放置在背景画面上，按如图2-236所示调整到适当的大小。

图2-235　复制的云彩及 图2-236　小屋在背景
其透明效果　　　　　画面中的效果

12 按照如图2-237所示的效果调整云彩和小屋对象的前后排列顺序。

13 绘制如图2-238所示的灯光扩散对象，将其填充为"白色"。

图2-237　小屋与云彩的前后排列顺序

图2-238　绘制的灯光扩散对象

14 选择该对象，执行"位图→转换为位图"命令，在弹出的"转换为位图"对话框中按如图2-239所示设置选项参数，然后单击"确定"按钮，将该对象转换为位图。

15 执行"位图→模糊→高斯式模糊"命令，在弹出的"高斯式模糊"对话框中将"半径"值设置为15像素，然后单击"确定"按钮，得到如图2-240所示的模糊效果。

图2-239　"转换为位图" 图2-240　灯光对象的
对话框　　　　　　模糊效果

16 将灯光对象调整到小屋对象的下方，如图2-241所示。

图2-241　灯光对象的前后排列效果

17 使用椭圆形工具和星形工具在背景画面中绘制漫天繁星，效果如图2-242所示。

图2-242　绘制的漫天繁星

18 使用交互式阴影工具为背景中较大的几颗星星应用"白色"的阴影效果，如图2-243所示，以表现星星闪烁的效果。

图2-243　星形对象的阴影效果

19 使用贝塞尔工具在闪烁的几颗星星之间绘制连接线，设置线条的轮廓色为"白色"，并为其应用开始透明度为90的标准透明效果，如图2-244所示。

图2-244　星星连接的效果

20 将绘制好的所有对象群组，然后绘制如图2-245所示的矩形。

图2-245　绘制的矩形

21 将绘制好的空中小屋对象精确剪裁到矩形中，效果如图2-246所示。最后取消矩形的外部轮廓，完成本实例的制作。

图2-246　完成后的画面效果

举一反三 | 音乐女孩

　　打开光盘\源文件与素材\第2章\源文件\音乐女孩.cdr文件，插画效果如图2-247所示，然后利用贝塞尔工具、文本工具、交互式阴影工具、"图框精确剪裁"命令和导入矢量素材功能绘制该文件中的音乐女孩造型。

图2-247　音乐女孩插画效果

绘制女孩外形　　绘制女孩身体结构外形　　　绘制耳机外形　　将文本精确剪裁到耳机对象中

刻画女孩的头发和五官　精确剪裁花纹图案　　　绘制耳机的电源线　　　导入背景素材

　⭘ 关键技术要点 ⭘

01 使用贝塞尔工具绘制出女孩身体和头发的大致外形，并使用形状工具调整线条的平滑度。

02 使用贝塞尔工具、"复制"命令和修剪功能绘制女孩身体各部位对象，以便在后面对衣服上的花纹图案进行精确剪裁。

03 使用贝塞尔工具并结合"复制"命令和形状工具绘制出女孩头上戴着的耳机，注意调整耳机对象与脸、手对象的叠放次序。

04 使用贝塞尔工具并结合"颜色"泊坞窗刻画出女孩的头发和五官造型。

05 根据衣服各部位位置的不同，使用贝塞尔工具绘制出衣服上的花纹图案，然后分别将绘制好的花纹图案精确剪裁到衣服对象上，达到规整的修剪效果。

06 将绘制好的女孩造型放置在背景画面中，并使用交互式阴影工具为女孩对象添加阴影效果。

CorelDRAW X4

Example
4

与鸟为伴

下面将要绘制的是一个漂亮女孩在微风中与鸟为伴的动画场景。通过本实例的学习，使读者进一步掌握绘制不同类型的动画场景的方法。

…绘制头发

…女孩外形

…绘制衣服

…绘制小鸟

…绘制修饰图

4.1　效果展示

原始文件：Chapter 2\Example 4\与鸟为伴.cdr
最终效果：Chapter 2\Example 4\与鸟为伴.jpg
学习指数：★★★★

在本实例中，将为读者呈现一幅大自然中女孩与小鸟为伴的温馨场面，背景中由黄色到褐色的渐变色调更加增强了这种温馨的情调。而女孩时尚亮丽的着装、衣服上飞舞的蝴蝶以及背景中唯美的装饰图案，使整个画面又不失时尚、现代的气息。

4.2 技术点睛

在绘制本实例中的"与鸟为伴"动画场景时，需要重点把握对女孩造型和小鸟姿态的刻画。在绘制女孩造型时，应注意头发形状和对女孩衣着以及裤子上装饰物的刻画，同时要注意衣服颜色与背景色调之间的协调效果。在绘制小鸟造型时，仅仅通过对羽毛对象填充相应的渐变色，就能表现出小鸟羽毛上丰富的色彩效果，读者朋友们可以很好地借鉴这种绘图技巧。

在绘制本实例时，读者应注意以下几个操作环节。

（1）使用贝塞尔工具绘制出女孩的大致外形和头发形状。在绘制女孩的头发时，通过绘制多个头发对象并填充相应的渐变色，可以很好地表现头发的层次和飘逸效果。

（2）女孩背心上带反光的文字效果是通过调整文本的大小和倾斜度，并为其填充相应的渐变色制作而成。外套马甲上的蝴蝶图案是通过使用"导入"命令，然后直接引用素材的方式制作而成的。

（3）女孩腰部的装饰物是通过为椭圆和圆环形填充相应的渐变色，然后将其组合而成的。耳环、手镯、背心文字和腰部装饰物上的闪光效果是通过绘制星形和椭圆对象，然后将椭圆形转换为位图，再为位图应用高斯式模糊效果制作而成的。

（4）球形植物中不规则的边缘效果是通过绘制一个大圆，然后在大圆边缘上绘制多个小的椭圆形，再将它们焊接后得到的。

（5）小鸟的羽毛效果是通过为羽毛对象填充相应的线性渐变色制作而成的。对渐变色的设置非常重要，否则就达不到所需要的效果。

4.3 步骤详解

绘制本实例将分为两个部分来完成。首先绘制时尚的女孩造型，然后绘制挥着翅膀的小鸟造型和背景中的装饰图案。下面一起来完成本实例的制作。

4.3.1 绘制女孩造型

01 绘制如图2-248所示的女孩整体大致外形，将其填充为"黑色"，并取消其外部轮廓。

02 绘制女孩的右手外形，将其填充为"黑色"，如图2-249所示，然后取消其外部轮廓。

图2-248　绘制的女孩整体外形

图2-249　绘制的女孩右手外形

03 绘制如图2-250所示的头发外形，将其填充为0%（C:39、M:45、Y:100、K:28）、27%（C:29、M:53、Y:94、K:16）、52%（C:22、M:43、Y:89、K:10）、100%（C:15、M:33、Y:83、K:4）的线性渐变色，并取消其外部轮廓。

图2-250　绘制的头发外形

04 绘制如图2-251所示的头发外形，将其填充为从（C:29、M:53、Y:94、K:16）到（C:15、M:33、Y:83、K:4）的线性渐变色，并取消其外部轮廓。

05 绘制如图2-252所示的头发外形，将步骤02中为对象填充的颜色属性复制到该对象上，并取消其外部轮廓。

图2-251　绘制的头发外形

图2-252　绘制的头发外形

06 绘制如图2-253所示的头发外形，为其填充从（C:29、M:53、Y:94、K:16）到（C:15、M:33、Y:83、K:4）的线性渐变色，并取消其外部轮廓。

07 绘制如图2-254所示的头发外形，为其填充0%（C:44、M:96、Y:85、K:60）、45%（C:16、M:39、Y:82、K:4）、100%（C:34、M:56、Y:100、K:25）的线性渐变色，并取消其外部轮廓。

图2-253　绘制的头发外形

图2-254　绘制的头发外形

08 使用艺术笔工具 中的"预设"笔刷 ，在属性栏中选择 笔刷形状，并设置适当的艺术笔宽度后，在前面绘制的头发外形上绘制如图2-255所示的头发造型。

09 分别为头发造型填充相应的颜色，并取消其外部轮廓，如图2-256所示。

图2-255 绘制的头发造型

图2-256 完成后的头发效果

10 将绘制好的头发对象与人物外形按如图2-257所示进行组合。

11 绘制如图2-258所示的两缕飘逸的头发对象，并为其填充相应的颜色。

图2-257 人物与头发外形的组合

图2-258 绘制的两缕头发

12 绘制如图2-259所示的背心对象，为其填充从（C:45、M:95、Y:0、K:0）到（C:24、M:75、Y:0、K:0）的线性渐变色，并取消其外部轮廓。

13 绘制如图2-260所示的衣服对象，为其填充从（C:41、M:0、Y:60、K:60）到（C:91、M:5、Y:5、K:0）的线性渐变色，并取消其外部轮廓。

图2-259 绘制的背心对象

图2-260 绘制的衣服对象

14 绘制如图2-261所示的衣边对象，将步骤13绘制的衣服对象上的颜色属性复制到该对象上，并适当调整渐变的边界，然后取消其外部轮廓。

15 绘制如图2-262所示的衣领对象，将其颜色填充为（C:95、M:13、Y:21、K:2），并取消其外部轮廓。

图2-261 绘制的衣边对象　图2-262 绘制的衣领对象

16 绘制如图2-263所示的衣服对象，将前面绘制的衣服对象中的颜色属性复制到该对象上，并适当调整渐变角度，然后取消其外部轮廓。

图2-263　绘制的衣服对象

18 单击标准工具栏中的"导入"按钮，导入光盘\源文件与素材\第2章\素材\蝴蝶.cdr文件，然后将蝴蝶对象放置在衣服对象上，作为衣服上的图案，效果如图2-265所示。

图2-265　衣服上的图案效果

20 使用文本工具输入文本"Free and easy"，将字体设置为"华文行楷"，调整文本对象的高度，如图2-267所示。

图2-267　输入文本并调整文本高度

22 将文本对象填充为0%和31%（C:42、M:31、Y:27、K:12）、41%（白色）、49%（C:35、M:25、Y:23、K:13）、57%（白色）、70%和100%（C:42、M:31、Y:27、K:12）的线性渐变色，如图2-269所示。

23 将填充好的文字移动到背心对象上，调整到适当的大小后，按如图2-270所示调整其排列顺序。

17 在衣服对象上绘制如图2-264所示的线条，将轮廓色设置为（C:91、M:49、Y:55、K:9），并为其应用开始透明度为48的标准透明效果，以表现衣服上的线缝和褶皱。

图2-264　衣服上的线缝和褶皱效果

19 使用椭圆形工具并结合使用"复制"命令在衣服上绘制圆形，并为圆形填充相应的颜色，以表现衣服上的原点图案，效果如图2-266所示。

图2-266　衣服上的原点图案效果

21 在文本对象上单击两次，当出现旋转控制点时，在右边居中的控制点上向上拖动鼠标，将文本倾斜到如图2-268所示的效果。

图2-268　将文本倾斜后的效果

图2-269　文本的
　　　　填充效果

图2-270　文本在背心
　　　　上的效果

24 选择女孩的右手对象，按Shift+PageUp组合键，将其调整到最上层，如图2-271所示。

图2-271　调整右手对象到最上层

26 在裤子对象上绘制如图2-273所示的3条曲线，将它们的轮廓色设置为（C:98、M:80、Y:29、K:4），并设置适当的轮廓宽度，以表现裤子上的线头效果。

图2-273　裤子上的线头效果

28 利用修剪功能对圆形进行修剪，得到如图2-275所示的修剪效果。将修剪后的对象焊接，再为其填充从（C:54、M:42、Y:43、K:2）到（C:5、M:4、Y:4、K:0）到（C:47、M:36、Y:37、K:0）的线性渐变色，以表现耳环的吊坠。

图2-275　焊接修剪对象并着色

30 将绘制好的耳环对象群组，然后移动到女孩耳朵处的适当位置，并调整到适当的大小，如图2-277所示。

25 绘制如图2-272所示的裤子外形，为其填充从（C:95、M:42、Y:19、K:5）到（C:93、M:12、Y:0、K:0）的线性渐变色，并取消其外部轮廓。

图2-272　绘制的裤子外形

27 使用椭圆形工具并结合"复制"命令和按中心缩放对象的方法，绘制如图2-274所示的同心圆形。

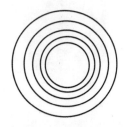

图2-274　绘制的同心圆

29 使用矩形工具在耳环吊坠上绘制如图2-276所示的矩形，将其颜色填充为（C:42、M:31、Y:27、K:12），并取消其外部轮廓。

图2-276　绘制好的耳环

31 在女孩的手腕上绘制如图2-278所示的两条曲线，并设置适当的轮廓宽度。

图2-277 调整耳环位置

图2-278 绘制的曲线

32 执行"排列→将轮廓转换为对象"命令，将绘制的两条曲线转换为对象，再分别为它们填充0%（C:42、M:31、Y:27、K:12）、47%（白色）、100%（C:42、M:31、Y:27、K:12）的线性渐变色，以表现手腕上的手镯效果，如图2-279所示。

33 此时，绘制的女孩造型效果如图2-280所示。

图2-279 手腕上的手镯效果 图2-280 女孩造型效果

34 分别绘制如图2-281和图2-282所示的圆形和圆环形，将它们都填充为0%（C:42、M:31、Y:27、K:12）、47%（白色）、100%（C:42、M:31、Y:27、K:12）的线性渐变色。

35 将绘制的圆形和圆环对象按如图2-283所示排列在女孩的腰部，作为腰部的装饰物。

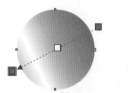

图2-281 绘制的圆形 图2-282 绘制的圆环形

图2-283 腰部装饰物效果

4.3.2 绘制小鸟与背景装饰图案

01 绘制如图2-284所示的小鸟身体部位的外形，为其填充0%（C:36、M:47、Y:11、K:2）、17%（C:2、M:45、Y:18、K:0）、67%（C:2、M:25、Y:9、K:0）、100%（C:2、M:1、Y:63、K:0）的线性渐变色，并取消其外部轮廓。

02 绘制小鸟的头顶和嘴巴，如图2-285所示，将头顶部分填充为从（C:49、M:73、Y:5、K:0）到（C:13、M:76、Y:38、K:3）的射线渐变色，将嘴巴对象填充为"黑色"，并取消它们的外部轮廓。

图2-284　绘制的小鸟身体部位

图2-285　小鸟的头顶和嘴巴

03 绘制小鸟翅膀中其中一片羽毛对象，为其填充0%（黑色）、54%（C:13、M:58、Y:11、K:1）、76%（C:59、M:0、Y:0、K:0）、100%（C:3、M:25、Y:3、K:0）的线性渐变色，并取消其外部轮廓，如图2-286所示。

04 绘制小鸟翅膀上的其他羽毛对象，为其填充与步骤03中绘制的羽毛对象相同的填充色，并适当调整渐变的边界和角度，效果如图2-287所示。

图2-286　绘制翅膀上的羽毛

图2-287　翅膀上的所有羽毛

05 绘制小鸟尾部的其中一片羽毛对象，为其填充0%（黑色）、54%（C:13、M:58、Y:11、K:1）、76%（C:58、M:0、Y:22、K:0）、100%（C:3、M:25、Y:3、K:0）的线性渐变色，并取消其外部轮廓，如图2-288所示。

图2-288　小鸟尾部的羽毛对象

06 绘制小鸟尾部的其他羽毛对象，为其填充与步骤05中绘制的羽毛对象相同的填充色，并取消其外部轮廓，完成后的小鸟效果如图2-289所示。

07 将绘制好的小鸟对象复制一份到空白区域，并将其水平镜像，如图2-290所示。

图2-289　绘制好的小鸟效果

图2-290　复制并水平镜像小鸟

08 修改小鸟身体部位的填充色为0%（C:52、M:31、Y:0、K:0）、30%（C:69、M:0、Y:0、K:0）、67%（C:31、M:0、Y:18、K:0）、100%（浅黄色）的线性渐变，翅膀和尾部的羽毛颜色为0%（C:72、M:44、Y:4、K:0）、34%（C:69、M:0、Y:0、K:0）、59%（C:40、M:0、Y:62、K:0）、82%（C:3、M:25、Y:3、K:0）、100%（C:59、M:0、Y:0、K:0），完成后的效果如图2-291所示。

09 分别将绘制好的两个小鸟对象群组，然后移动到女孩头部的两边，按如图2-292所示调整其大小和位置。

图2-291　修改小鸟填充色

图2-292　女孩与小鸟对象组合后的效果

10 如图2-293所示绘制4组造型相同但填充色不同的对象。按从外向内的顺序，第1组对象的填充色为（C:1、M:23、Y:79、K:0）、（C:50、M:57、Y:99、K:7）、（C:96、M:51、Y:95、K:23）、（C:0、M:54、Y:83、K:0）；第2组对象的填充色为（C:0、M:54、Y:83、K:0）、（C:1、M:23、Y:79、K:0）、（C:96、M:51、Y:95、K:23）、（C:31、M:8、Y:90、K:0）；第3组对象的填充色为（C:50、M:57、Y:99、K:7）、（C:1、M:23、Y:79、K:0）、（C:96、M:51、Y:95、K:23）、（C:31、M:8、Y:90、K:0）；第4组对象中，最小对象的填充色为（C:22、M:55、Y:98、K:0），其他对象的填充色为从（C:3、M:14、Y:94、K:0）到（C:26、M:35、Y:97、K:13）的线性渐变色，轮廓色为（C:22、M:55、Y:98、K:0）。

图2-293　绘制的4组颜色不同的对象

11 打开光盘\源文件与素材\第2章\源文件\时尚女孩.cdr文件，分别选择如图2-294所示的图案对象，按Ctrl+C组合键进行复制，然后切换到本文件中，按Ctrl+V组合键粘贴到文件中。

图2-294　粘贴到文件中的图案

12 将步骤09和步骤10中制作的图案对象按如图2-295所示排列在女孩造型的周围，并在左下角图案的空白区域绘制相应颜色的对象，完成背景修饰图案的制作。

图2-295　背景画面中的修饰图案

① 0%（C:3、M:2、Y:91、K:0）、48%（C:3、M:14、Y:94、K:0）、100%（C:26、M:35、Y:97、K:13）

② （C:55、M:90、Y:98、K:13），开始透明度为57的标准透明效果

③ （C:47、M:83、Y:99、K:7），开始透明度为44的标准透明效果

13 绘制如图2-296所示的矩形，为其填充0%（黄色）、48%（C:3、M:14、Y:100、K:0）、100%（C:26、M:35、Y:97、K:13）的线性渐变色，并取消其外部轮廓。

图2-296　绘制的矩形

14 将矩形对象移动到女孩造型上，并调整到适当的大小，然后按Shift+PageDown组合键将其调整到最下方，将矩形作为背景的效果如图2-297所示。

图2-297　将矩形作为背景的效果

15 将椭圆对象复制，并排列在背景画面的上方。将绘制好的所有对象群组，然后绘制如图2-298所示的矩形。

图2-298　群组对象并绘制矩形

16 将群组后的对象精确剪裁到矩形中，并调整对象在矩形中的位置，效果如图2-299所示。至此，"与鸟为伴"动画场景即绘制完成。

图2-299　将画面精确剪裁后的效果

举一反三 | 冰激淋女孩 |

打开光盘\源文件与素材\第2章\源文件\冰激淋女孩.cdr文件，效果如图2-300所示，然后利用贝塞尔工具、椭圆形工具、形状工具、粗糙笔刷工具、转换为位图功能和"高斯式模糊"命令绘制该文件中的冰激淋女孩。

图2-300　冰激淋女孩效果

绘制身体轮廓

绘制五官

绘制彩色头发

绘制项链

绘制衣服

绘制花朵

绘制彩色袜子

绘制冰激淋

◎ 关键技术要点 ◎

01 使用贝塞尔工具绘制出女孩的大致外形，包括头发、衣服、鞋袜和身体部位，并使用形状工具调整线条的平滑度。

02 使用椭圆形工具、贝塞尔工具、"颜色"泊坞窗和交互式填充工具绘制出女孩的眼睛，并对女孩的五官进行刻画，同时绘制出女孩的耳环。

03 使用贝塞尔工具并结合使用"颜色"泊坞窗对女孩的头发进行刻画，以表现女孩头发中的颜色层次。

04 在绘制项链时，主要使用了贝塞尔工具、基本形状工具、交互式透明工具，并结合交互式填充工具对项链对象填充相应的颜色。在绘制项链中的心形吊坠时，首先选择基本形状工具，然后单击属性栏中的"完美形状"按钮 ，在弹出式面板中选择心形，再将其绘制出来即可。

05 使用贝塞尔工具绘制出衣服上的花边，并在衣服上绘制曲线，以表现衣服上的褶皱效果。

06 在绘制女孩长裤上的花朵对象时，可以先绘制一个大的圆形，然后在该圆形的边缘绘制多个小的圆形，再将这些圆形焊接，即可得到半圆形的边缘效果。

07 在绘制女孩长裤上的粗线条图案时，可以先绘制好长裤上的线条图案，然后将其精确剪裁到长裤对象中即可。

08 在绘制冰激淋造型时，主要使用贝塞尔工具、交互式填充工具和"修剪"命令来完成。

09 背景中的彩色条纹是通过为矩形填充相应的线性渐变色，然后将渐变的步长值设置为10得到的。

第3章

The 3rd Chapter

插画色彩应用（一）

　　渐变色是在绘图时经常使用的一种颜色填充类型，它可以为对象填充两种或两种以上颜色的平滑渐进色彩效果。在设计创作中，渐变填充方式的应用是一个非常重要的技巧，它可以表现出对象的质感，使对象产生非常丰富的色彩变化效果。

Work1 要点导读

在进行插画设计时，色彩的适当应用不仅能给画面赋予生命力，同时还可以为画面营造一种悲情、喜悦、温馨、冷清或恐怖的气氛，渲染画面的感情色彩。除此之外，应用恰当的渐变色还可以使对象产生如金属、塑料等的质感，达到逼真的造型效果。

为对象填充纯色的方法很简单，下面着重介绍为对象填充渐变色的操作方法和技巧。

渐变填充可以为对象填充两种或多种颜色平滑渐进的色彩效果。CorelDRAW X4中的渐变填充类型包括线性、射线、圆锥和方角渐变，不同渐变类型产生的渐变效果如图3-1所示。

（a）线性渐变　　　　（b）射线渐变　　　　（c）圆锥渐变　　　　（d）方角渐变

图3-1　线性、射线、圆锥和方角渐变效果

在为对象填充渐变色时，可以设置渐变的调和方向、角度、中心点、中点和边界等，并通过指定渐变步长值可以设置渐变颜色过渡的步数。步长值越大，颜色之间过渡越自然。

在填充工具展开工具栏中选择"渐变填充"选项，弹出如图3-2所示的"渐变填充"对话框，其中各选项的功能如下。

- ● "类型"选项用于选择所要应用的渐变色类型，包括线性、射线、圆锥和方角渐变。
- ● 在选择除"线性"以外的其他渐变类型后，在"中心位移"栏中可以设置渐变中心的位置。也可以通过在预览窗口中单击或拖动鼠标左键设置渐变中心的位置，如图3-3所示。

图3-2　"渐变填充"对话框

图3-3　调整渐变中心的位置

- ● "角度"选项用于设置渐变颜色的角度，用户可以在数值框中直接输入角度值，也可以将光标移动到该对话框右上角的预览窗口中，通过拖动鼠标设置新的渐变角度。需要注意的是，射线渐变不能设置渐变角度值。
- ● "步长"选项用于设置各个颜色之间的过渡数量。单击"步长"数值框右边的"锁定"按钮，然后在该数值框中输入所需的步长值即可，如图3-4所示。

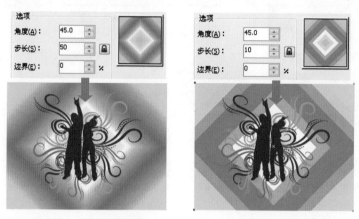

（a）步长为50时的效果　　　　（b）步长为10时的效果

图3-4　设置步长值前后效果对比

● "边界"选项用于设置颜色渐变过渡的范围，如图3-5所示。该值越小，范围越大，反之范围越小。圆锥渐变不能设置渐变的边界。

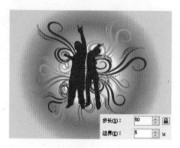

图3-5　不同的边界设置效果

● 单击"预设"下拉按钮，从展开的下拉列表框中可以选择系统预设的渐变样式，其中包括多种类型的柱面和彩虹预设等。

● 如果要将设置好的颜色保存为预设渐变色样，可以首先在"预设"文本框中为该颜色命名，然后单击 按钮即可。将颜色保存后，在"预设"下拉列表框中可以直接调用该色样。

● 选中"颜色调和"栏中的"自定义"单选按钮可以设置两种或两种以上颜色过渡的渐变色。

1. 双色渐变

双色渐变是指在两种颜色之间产生颜色过渡的效果。设置双色渐变的方法如下。

01 选择需要填充的对象，按F11键打开"渐变填充"对话框，在"类型"下拉列表框中选择所需的渐变类型。

02 选中"颜色调和"栏中的"双色"单选按钮，单击"从"下拉列表框右边的颜色按钮，从弹出的颜色选取器中选择渐变的起始颜色。或者单击颜色选取器中的"其他"按钮，从弹出的"选择颜色"对话框中自定义所需要的颜色，然后单击"确定"按钮，如图3-6所示。

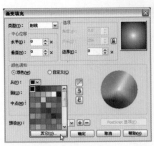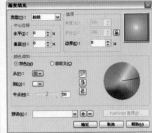

图3-6 自定义渐变的起始颜色

03 回到"渐变填充"对话框，单击"到"下拉列表框右边的颜色按钮，从弹出的颜色选取器中选择渐变的结束颜色，如图3-7所示。

04 在渐变色预览窗口中单击或按下鼠标左键拖动光标，调整渐变的中心位置，完成设置后，单击"确定"按钮即可，如图3-8所示。

图3-7 选择结束颜色

图3-8 调整渐变的中心点

2. 自定义渐变

通过自定义渐变设置可以为对象填充两种或两种以上颜色的平滑渐进效果。设置自定义渐变的方法如下。

01 在"渐变填充"对话框中选中"颜色调和"栏中的"自定义"单选按钮，此时，"颜色调和"栏的设置如图3-9所示。

02 单击颜色条上方位于左端的小方框，选中的方框会由空心变为黑色实心，然后在右边的颜色选取器中选择所需的颜色，如图3-10所示。也可以单击"其他"按钮，从弹出的"选择颜色"对话框中自定义此处的颜色。

图3-9 "颜色调和"栏的设置

图3-10 选择渐变的起始颜色

03 单击颜色条上方位于右端的小方框，设置渐变的结束颜色，如图3-11所示。

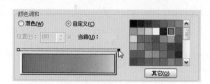 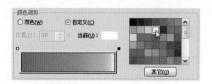

图3-11 设置渐变的结束颜色

04 在颜色条上方的颜色频带上双击，在双击处添加一个新的标记，如图3-12所示。

05 拖动该标记或者在"位置"数值框中输入数值，可以调整两种颜色之间的转换点位置，如图3-13所示。

06 在右边的颜色选取器中为新添加的标记设置新的颜色，如图3-14所示。

图3-12 添加标记　　　图3-13 移动标记的位置　　　图3-14 为标记设置颜色

07 按照同样的方法在颜色频带上添加新的标记，并分别设置相应的颜色，如图3-15所示。然后单击"确定"按钮即可为对象填充自定义的多色渐变，如图3-16所示。

图3-15 自定义渐变颜色设置　　　图3-16 对象的填充效果

技巧点睛

要删除颜色频带上多余的标记，可在需要删除的标记上双击鼠标右键即可，删除标记后的渐变颜色也会进行相应的调整，如图3-17所示。

图3-17 删除多余的标记

用户还可以使用交互式填充工具为对象填充所需的渐变。使用该工具填充对象时，可以直观地查看对象的填充效果，同时，可以更为灵活地调整应用到对象上的填充色。

选择渐变填充的对象，切换到交互式填充工具，此时，在对象中将出现如图3-18所示的渐变控制线。

拖动渐变控制线上的颜色节点可以随意调整该颜色节点的位置，同时，渐变色也会随之发生变化，如图3-19所示。分别拖动渐变起始点或结束点可以调整渐变的角度和边界，如图3-20所示。

图3-18 渐变控制线　　图3-19 调整颜色节点的位置　图3-20 调整渐变的角度和边界

使用交互式填充工具在控制线上双击鼠标左键即可在此处添加一个新的颜色节点，如图3-21所示。

选择颜色节点，然后在属性栏的"渐变填充节点颜色"选项的颜色选取器中可以为该颜色节点设置所需的颜色，在"节点位置"选项中可以调整该颜色节点的位置，如图3-22所示。

图3-21 添加颜色节点　　　　　图3-22 调整颜色节点的颜色

双击颜色节点可以删除该节点，同时也会取消应用该颜色节点中的颜色，如图3-23所示。

图3-23 删除颜色节点

Work2 案例解析

在对交互式填充工具的使用有一定了解后，下面通过实例来进一步熟练掌握该工具的使用方法和技巧。

CorelDRAW X4

Example

5

● ● ● ●

日出美景

日出的到来，带给人新一天的希望和力量。下面将充分利用渐变色的丰富色彩层次表现日出时万物复苏的景致。

...绘制日出

...绘制女孩

...绘制杂草

...绘制大雁

...绘制花朵

5.1　效果展示

原始文件：Chapter 3\Example 5\日出美景.cdr

最终效果：Chapter 3\Example 5\日出美景.jpg

学习指数：★★★★

本实例绘制的是朝阳下一个女孩正在晨练的画面。画面中应用了不同颜色的渐变填充效果，既突出了画面层次，也表现出了日出时大自然五彩缤纷的景象。整个画面以 ■红色调为主，给人一种生机勃勃、充满希望的感觉，配上蓝色的湖面和曲线伸展的水草，画面洋溢着一种积极向上的气氛。

5.2 技术点睛

在绘制本实例时，需要重点注意色彩的层次和色调的搭配。在搭配色彩时，除了需要使色彩鲜艳外，还需要使整个画面呈现日出时的清新、自然之感。因此，绘画者自身的色彩感觉对插画的最终完成效果会有很大的影响。

在绘制此插画时，读者应注意以下几个操作环节。

（1）分别使用贝塞尔工具和椭圆形工具描绘出日出插画中的各个对象外形，并使用形状工具精确调整曲线对象的形状，使轮廓线条平滑。

（2）使用交互式填充工具和"均匀填充"对话框为对象填充相应的渐变色和单色。

（3）使用交互式透明工具为相应的对象应用透明效果使局部画面呈现自然的透明感。

（4）为代表初升太阳的圆形添加交互式阴影效果，以表现太阳的光晕。

（5）将绘制完成的图形对象群组，并将其精确裁剪到与页面等大的矩形中，得到规整的图形边缘。

5.3 步骤详解

制作本实例将通过两个部分来完成。首先需要绘制日出时的背景画面，然后需要在背景画面中添加大自然生物，以构成一幅完整的画面。下面一起来完成本实例的制作。

5.3.1 绘制日出时的背景画面

01 新建一个图形文件，在属性栏中将页面大小设置为210mm×280mm，然后双击"矩形"按钮▢，新建一个与页面等大的矩形，如图3-24所示。

02 按+键复制一个矩形，然后分别将两个矩形调整到如图3-25所示的大小。

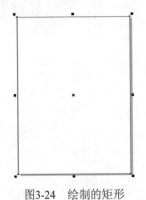

图3-24 绘制的矩形

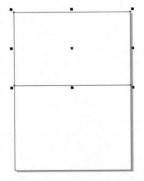

图3-25 调整矩形高度

03 选择页面上方的矩形，然后选择交互式填充工具 ![图标]，按住Ctrl键从该矩形底部向上拖动鼠标，创建渐变控制线，如图3-26所示。

图3-26　创建渐变控制线

04 在交互式填充工具属性栏中将渐变起点颜色设置为"黄色"，终点颜色设置为（C:0、M:57、Y:100、K:0），如图3-27所示。

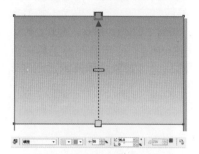

图3-27　修改渐变颜色后的效果

05 在渐变控制线上双击鼠标左键，添加一个颜色控制节点，如图3-28所示。

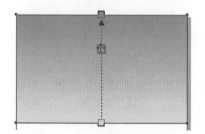

图3-28　添加的颜色控制节点

06 单击添加的节点，并在属性栏中将该节点的位置设置为79%，然后将该节点处的颜色设置为（C:0、M:45、Y:100、K:0），矩形填充颜色后的效果如图3-29所示。

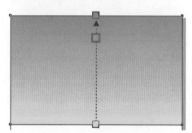

图3-29　矩形的填充效果

技巧点睛

　　在使用交互式填充工具为对象填充渐变色时，将调色板或"颜色"泊坞窗中的颜色直接拖动到颜色控制节点上即可改变节点处的颜色，如图3-30所示。在多余的颜色控制节点上双击，可以将其删除。拖动颜色控制节点可以改变节点的位置，同时，渐变色的渐变层次也会发生改变。

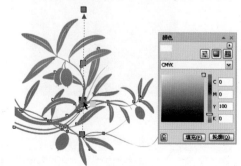

图3-30　为节点填充颜色

07 右击调色板中的☒图标，取消选定矩形的外部轮廓。

08 再次右击调色板中的☒图标，取消选定矩形的外部轮廓。

09 选择页面下方的矩形，然后按照步骤03～05的方法为该矩形填充线性渐变色，并在交互式填充工具属性栏中将渐变填充的边界设置为30%，然后设置渐变色为0%（C:0、M:9、Y:100、K:0）、35%（C:25、M:0、Y:92、K:0）、100%（C:89、M:0、Y:7、K:0），如图3-31所示。

10 按住Shift键，使用椭圆形工具在页面中绘制一个圆形，将其填充为"白色"并取消其外部轮廓，然后为该对象应用开始透明度为19的标准透明效果，如图3-32所示。

图3-31 页面下方矩形的填充效果

图3-32 绘制的圆形及其透明效果

11 选择交互式阴影工具，在对象中心向外拖动鼠标，为该对象创建阴影效果，然后在属性栏中将"阴影颜色"设置为浅黄色，并将"阴影的不透明度"设置为100%，"阴影羽化"设置为20，"阴影羽化方向"设置为向外⬛，如图3-33所示，以此表现太阳的光晕，其效果如图3-34所示。

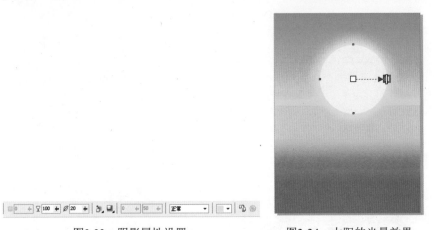

图3-33 阴影属性设置

图3-34 太阳的光晕效果

12 使用贝塞尔工具绘制如图3-35所示的远山外形，将其填充为（C:0、M:35、Y:100、K:0）的颜色。

13 取消远山的外部轮廓，然后为其应用开始透明度为55的标准透明效果，如图3-36所示。

图3-35　绘制的远山外形　　　　　　　　图3-36　远山对象的透明效果

14 使用贝塞尔工具绘制如图**3-37**所示的山丘外形，为其填充线性渐变色，设置渐变填充边界为**33**%，渐变色为0%、3%（C:0、M:2、Y:77、K:0）、79%（C:0、M:35、Y:87、K:0）、100%（C:4、M:30、Y:100、K:0），如图**3-38**所示，并取消其外部轮廓，如图**3-39**所示。

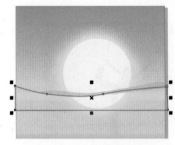

图3-37　绘制的山丘外形　　　图3-38　渐变色设置　　　图3-39　对象的填充效果

15 使用贝塞尔工具绘制如图**3-40**所示的河堤外形，将其颜色填充为（C:50、M:87、Y:100、K:0）。

16 取消其外部轮廓，然后为该对象应用开始透明度为45的标准透明效果，完成日出背景画面的绘制，效果如图**3-41**所示。

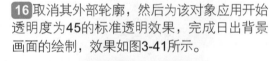

图3-40　绘制的河堤外形　　　　　　　　图3-41　日出背景画面效果

5.3.2　在背景画面中添加自然物

01 使用贝塞尔工具绘制出女孩晨练的动作形态，并将其填充为"黑色"，如图**3-42**所示。

02 绘制出女孩上身穿着的背心，将其颜色填充为（C:84、M:76、Y:0、K:0），并取消其外部轮廓，如图**3-43**所示。

03 将女孩对象群组，然后移动到页面中，按如图**3-44**所示调整其大小和位置。

图3-42　绘制的女孩形态

图3-43　绘制的背心效果

图3-44　将女孩放置在页面中

04 选择女孩对象，将其复制并垂直镜像，然后向下移动到如图3-45所示的位置。

05 适当缩小镜像后的女孩对象的高度，效果如图3-46所示。

图3-45　复制并镜像后的女孩对象效果

图3-46　缩小女孩对象高度后的效果

06 使用贝塞尔工具绘制如图3-47所示的草叶外形，并将其填充为0%（C:0、M:25、Y:100、K:0）、36%和100%（黄色）的线性渐变色，如图3-48所示。将草叶对象复制多份，按如图3-49所示进行排列，然后将排列后的所有草叶对象群组。

图3-47　绘制的草叶外形

图3-48　对象的填充效果

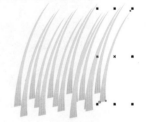

图3-49　对象的组合效果

07 对步骤06群组的草叶对象进行复制，并按如图3-50所示进行排列，然后将排列组合后的对象群组。

08 将群组后的对象复制，并按如图3-51所示将它们排列在页面中。

09 选择下方的一部分草叶对象，将光标移动到对象上方居中的控制点上，如图3-52所示。

图3-50　排列后的草叶对象

图3-51　草叶效果

图3-52　光标的位置

10 按住Ctrl键向下拖动鼠标，如图3-53所示。

11 按下鼠标右键，再释放鼠标左键，将该对象复制并垂直镜像，效果如图3-54所示。

12 按照同样的操作方法将位于下方的草叶对象复制并垂直镜像到源对象的底部，完成效果如图3-55所示。

图3-53　拖动鼠标时的对象状态

图3-54　垂直镜像后的效果

图3-55　垂直镜像后的草叶对象

13 选择位于页面下方的背景矩形，如图3-56所示，按+键将其复制，然后为其应用开始透明度为32的标准透明效果。

14 选择垂直镜像后的女孩对象，将其调整到应用透明效果后的矩形下方，以表现女孩在湖面上的倒影，效果如图3-57所示。

图3-56　复制背景矩形并应用透明效果

图3-57　女孩的倒影效果

15 选择垂直镜像后的所有草叶对象，如图3-58所示。

16 将所有草叶对象调整到透明矩形对象的下方，以表现草叶在湖面上的倒影，如图3-59所示。

图3-58 选择垂直镜像后的草叶对象　　　　图3-59 草叶的倒影效果

17 使用贝塞尔工具绘制如图3-60所示的水草外形，将其填充为"黑色"。在水草上绘制如图3-61所示的茎叶对象，然后同时选择茎叶和水草对象，单击属性栏中的"修剪"按钮▣，得到如图3-62所示的修剪效果。

图3-60 绘制的水草外形　　　图3-61 绘制的茎叶对象　　　图3-62 对象的修剪效果

18 将绘制好的水草对象移动到页面上，按如图3-63所示调整其大小和位置。

19 将水草对象复制多份，并按如图3-64所示进行排列。

图3-63 水草对象在页面中的效果　　　图3-64 排列在背景画面中的所有水草

20 按照如图3-65所示的绘制顺序和对象外形，使用贝塞尔工具 绘制水仙花，并为各个对象填充相应的颜色。

① 填充色为白色到（C:35、M:0、Y:23、K:0）的线性渐变，轮廓色为（C:65、M:43、Y:26、K:0）

② （C:14、M:0、Y:14、K:0）

③ （C:6、M:0、Y:41、K:0）

④ 白色到（C:35、M:0、Y:23、K:0）的线性渐变

⑤ （C:67、M:39、Y:41、K:0）

⑥ 开始透明度为84的标准透明效果

⑦ （C:46、M:11、Y:100、K:0）到（C:67、M:45、Y:100、K:4）的线性渐变

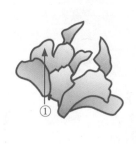   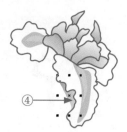

图3-65　绘制水仙花

21 将绘制完成的水仙花对象群组，然后移动到页面中，按如图3-66所示调整其大小和位置。

22 将水仙花对象复制3份，并按如图3-67所示进行排列。

图3-66　水仙花对象在页面中的效果

图3-67　背景画面中的水仙花效果

23 使用贝塞尔工具在太阳上方绘制如图3-68所示的曲线对象，分别将对象颜色填充为（C:0、M:75、Y:100、K:0）和（C:0、M:55、Y:100、K:0），并取消其外部轮廓。

24 选择靠近太阳处的曲线对象，执行"位图→转换为位图"命令，在弹出的对话框中按如图3-69所示进行设置。

25 单击"确定"按钮，将该对象转换为位图，如图3-70所示。

图3-68　绘制的曲线对象

图3-69　"转换为位图"对话框

图3-70　转换后的位图效果

26 执行"位图→模糊→高斯式模糊"命令，在弹出的对话框中按如图3-71所示进行设置。

27 单击"确定"按钮，将选定的位图模糊，效果如图3-72所示。

图3-71　"高斯式模糊"对话框

图3-72　位图的模糊效果

28 按照同样的操作方法将剩下的两个曲线对象转换为位图，并分别将它们进行高斯式模糊，完成云彩的制作，效果如图3-73所示。

29 按照同样的方法，在背景画面中绘制点缀图像，填充颜色，转换为位图，再进行模糊处理，如图3-74所示。

图3-73　曲线对象转换为位图后的模糊效果

图3-74　背景画面中的图像点缀效果

30 按照如图3-75和图3-76所示的绘制顺序和对象外形，使用贝塞尔工具　绘制两个不同形态的大雁，并为各个对象填充相应的颜色。

白色到（C:13、M:11、Y:40、K:0）
的线性渐变，渐变填充边界为**43%**

白色到（C:13、M:11、Y:40、K:0）
的线性渐变，渐变角度为**66.9°**

（C:47、M:69、Y:86、K:4）

图3-75　其中一个大雁的形态

图3-76　另一个大雁的形态

31 将绘制好的大雁对象群组，然后移动到背景画面的上方，并按如图3-77所示进行排列。

32 将绘制好的所有对象群组，此时，完成的插画效果如图3-78所示。

33 双击"矩形"按钮，创建一个矩形，然后将该矩形移动到空白区域上。使用鼠标右键将插画对象拖动到矩形上，释放鼠标后，从弹出的快捷菜单中选择"图框精确剪裁内部"命令，将插画对象放置在矩形中，如图3-79所示。

图3-77　大雁的排列效果　　　图3-78　群组后的插画效果　　　图3-79　将插画对象放置在矩形中

34 按住Ctrl键双击剪裁后的对象，进入容器内部，然后将插画对象移动到如图3-80所示的位置。

35 按住Ctrl键单击画面中的空白区域，完成对内容的编辑，效果如图3-81所示。至此，一幅色彩清新、艳丽的日出插画即绘制完成。

图3-80 插画对象在矩形中的位置

图3-81 完成后的日出插画效果

技巧点睛

　　在容器中编辑图形时除了使用快捷键外，还可以使用菜单命令。执行"效果→图框精确剪裁"命令，在打开的子菜单中选择"放置在容器中"命令，如图3-82所示，然后单击容器，即可将图形放置到容器中。放置到容器中如果还需要进行调整，则可以选择该子菜单中的其他命令进行编辑。

图3-82 子菜单

举一反三 ｜ 人物剪影

打开光盘\源文件与素材\第3章\源文件\人物剪影.cdr文件，如图3-83所示，然后利用贝塞尔工具、形状工具、艺术笔工具和交互式填充工具绘制该文件中的人物剪影插画。

图3-83 人物剪影插画效果

绘制画面背景

绘制椰树干

绘制椰树叶

将椰树对象精确剪裁

绘制人物剪影

绘制人物剪影和背景画面　绘制乐符和星星

○ 关键技术要点 ○

01 绘制一个背景矩形，使用交互式填充工具为该矩形填充线性渐变色，渐变色设置要以突出表现黄昏色调为主。

02 使用贝塞尔工具绘制一棵椰树的树干，然后采用"复制"命令并调整角度的方式在画面中排列多个椰树干。

03 选择艺术笔工具，在属性栏中选择适合的预设笔刷，并设置适当的艺术笔宽度，然后为其中一棵椰树绘制椰树叶。将绘制好的椰树叶群组并复制，然后排列在其他的椰树干上。

04 将绘制好的椰树精确剪裁到背景矩形中，并调整椰树在矩形容器中的位置。

05 使用贝塞尔工具绘制出人物的剪影，剪影的动作形态要表现出人物欢乐、热情、激扬的气氛。使用艺术笔工具中的预设笔触绘制女孩的头发，笔触的走向要表现出头发的飘逸效果。

06 使用贝塞尔工具绘制出音乐符号，并使用星形工具绘制出夜空中的星星，完成本实例的制作。

CorelDRAW X4

Example

6

● ● ● ●

莲花仙童

下面将通过绘制一个莲花仙童的卡通造型，使读者掌握绘制具有中国传统风格特色的卡通形象的方法和技巧。

...仙童轮廓

...绘制发髻

...绘制衣服

...绘制莲花

...绘制花蕾

...绘制荷叶

6.1　效果展示

原始文件：Chapter 3\Example 6\莲花仙童.cdr
最终效果：Chapter 3\Example 6\莲花仙童.jpg
学习指数：★★★★

本实例绘制的是一个极具中国风格的莲花仙童卡通造型，插画中以中国传统风格的红色、黄色和绿色为主色调，向大家展现了一幅吉祥如意的传统画面。

6.2 技术点睛

在绘制本实例时，在画面中加入哪些元素能突出体现中国的传统风格及喜庆气氛是需要着重把握的一个方面。通过本实例的学习，将使读者进一步掌握在CorelDRAW X4中对对象填充渐变色的基本操作方法，同时使读者进一步了解在插画绘制过程中渐变色的应用技巧。

在绘制此插画时，读者应注意以下几个操作环节。

（1）使用贝塞尔工具和椭圆形工具绘制出莲花仙童的基本外形，并使用形状工具精确调整曲线形状，使曲线更加平滑。

（2）在绘制发髻上的高光时，首先绘制出高光对象，然后为高光对象应用标准和线性透明效果。

（3）在绘制莲花时，首先绘制出莲花的花瓣外形，然后分别为各个花瓣对象填充射线渐变色，以突出莲花中的颜色层次。

6.3 步骤详解

制作本实例的过程分为两个部分。这里将仙童和莲花造型分开绘制，使读者可以清晰地掌握绘制这类人物和花朵造型的方法。下面一起来完成本实例的制作。

6.3.1 绘制仙童

01 使用贝塞尔工具绘制出仙童的头部外形，将其颜色填充为（C:0、M:5、Y:0、K:0），并按如图3-84所示设置轮廓属性。

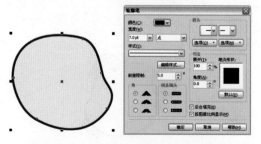

图3-84　绘制头部外形和设置轮廓属性

02 使用椭圆形工具绘制如图3-85所示的两个发髻外形，将其填充为"红色"，并设置与头部外形相同的轮廓属性。

图3-85　绘制的发髻外形

03 选择右边的椭圆形，按**Ctrl+PageDown**组合键，将其调整到头部外形的下一层，如图3-86所示。

04 在头部外形的下方绘制如图3-87所示的身体外形。

图3-86　调整对象的排列顺序

图3-87　绘制的身体外形

05 将其颜色填充为（C:0、M:36、Y:22、K:0），并设置与头部外形相同的轮廓属性，然后将其调整到头部外形的下方，如图**3-88**所示。

06 绘制仙童的两条腿，将它们的颜色填充为（C:0、M:5、Y:0、K:0），并设置与头部外形相同的轮廓色，如图**3-89**所示。

图3-88　调整对象的排列顺序

图3-89　绘制仙童的两条腿

07 选择右腿对象，将其调整到身体对象的下一层，如图**3-90**所示。

08 在仙童头部绘制如图**3-91**所示的头发外形，将其填充为"黑色"并取消外部轮廓。

图3-90　调整对象的排列顺序

图3-91　绘制头发对象

09 在头发对象上绘制如图**3-92**所示的"白色"受光对象。

10 取消受光对象的外部轮廓，然后为该对象应用如图**3-93**所示的线性透明效果，以表现头发上的受光效果。

图3-92　绘制受光对象

图3-93　头发上的受光效果

11 使用贝塞尔工具绘制如图**3-94**所示的曲线，并在属性栏的 [⊿ 4.0 pt ▼] 选项中设置适当的轮廓宽度。

12 执行"排列→将轮廓转换为对象"命令，将该曲线轮廓转换为对象，如图**3-95**所示。

图3-94　绘制的曲线

图3-95　转换为对象后的效果

13 使用形状工具选择如图3-96所示的节点。

14 按Delete键将选择的节点删除，效果如图3-97所示。

图3-96　选择的节点

图3-97　删除节点后的效果

15 拖动此处另一个节点一端的控制手柄，调整曲线的形状，如图3-98所示。

16 选择如图3-99所示的节点，然后单击属性栏中的"将直线转换为曲线"按钮 ，将对应的直线转换为曲线。

图3-98　调整对象的形状

图3-99　选择的节点

17 拖动步骤16选择的曲线处的控制手柄，将对象调整为如图3-100所示的形状，以表现仙童左边的眉毛效果。

18 使用同样的方法绘制仙童另一边的眉毛，如图3-101所示。

图3-100　调整后的对象形状

图3-101　绘制的右边眉毛

19 使用同样的方法绘制仙童的嘴唇外形，如图3-102所示。

20 使用贝塞尔工具绘制如图3-103所示的下嘴唇效果，将嘴唇对象填充为"红色"，并设置适当的轮廓宽度。

图3-102　绘制的上嘴唇对象

图3-103　绘制的嘴唇效果

21 使用椭圆形工具在仙童的左脸上绘制如图3-104所示的椭圆形，将其颜色填充为（C:0、M:86、Y:50、K:0），并取消其外部轮廓。

22 执行"位图→转换为位图"命令，将该对象转换为位图，再执行"位图→模糊→高斯式模糊"命令，在弹出的对话框中设置适当的"半径"参数，然后单击"确定"按钮，得到如图3-105所示的模糊效果，以表现仙童左脸上的红晕。

图3-104 绘制的椭圆 　　图3-105 仙童脸上的红晕效果

23 选择红晕对象，将其复制到右脸上，并旋转到如图3-106所示的角度。

24 选择形状工具，将红晕对象右边的两个节点移动到如图3-107所示的位置。

图3-106 复制并旋转后的对象

图3-107 移动节点的位置

25 选择右下角处的节点，单击属性栏中的"将直线转换为曲线"按钮，将对应的直线转换为曲线，如图3-108所示。

26 拖动转换的曲线处的两个控制手柄，将曲线调整到与此处头部外形相同的形状，如图3-109所示。

图3-108 将直线转换为曲线

图3-109 调整后的形状

27 选择头部外形对象，按+键将其复制，然后修改该对象的填充色为（C:0、M:36、Y:22、K:0）。绘制如图3-110所示的用于修剪的对象。

28 同时选择该对象和头部外形，单击属性栏中的"修剪"按钮，然后取消修剪后对象的外部轮廓，得到如图3-111所示的头部阴影效果。

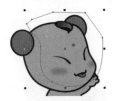

图3-110 绘制的用于修剪的对象

图3-111 头部阴影效果

29 绘制如图3-112所示的耳朵外形，将其颜色填充为（C:0、M:5、Y:0、K:0），并取消其外部轮廓。

30 绘制如图3-113所示的耳朵轮廓，设置适当的轮廓宽度。

图3-112 绘制的耳朵外形

图3-113 绘制的耳朵轮廓

31 执行"排列→将轮廓转换为对象"命令，再使用形状工具将转换后的对象编辑为如图3-114所示的形状。

图3-114 调整后的耳朵轮廓形状

32 按照如图3-115所示的绘制顺序和对象外形对仙童的发髻进行进一步的刻画。

绘制对象

绘制对象

绘制对象

调整对象的排列顺序

图3-115 刻画发髻

33 选择椭圆形的发髻对象，将其复制，并将复制的对象的颜色填充为（C:26、M:100、Y:100、K:0），然后取消其外部轮廓，如图3-116所示。

图3-116 复制的发髻对象

34 绘制如图3-117所示的用于修剪的椭圆形。

图3-117 绘制的用于修剪的椭圆形

35 使用该对象修剪复制的发髻对象，得到如图3-118所示的发髻阴影效果。

图3-118 发髻阴影效果

36 在发髻上绘制如图3-119所示的两个高光对象，将它们填充为"白色"并取消外部轮廓。

图3-119 绘制的高光对象

37 为圆形高光对象应用开始透明度为15的标准透明效果，为另一个高光对象应用如图3-120所示的线性透明效果。

图3-120　对象中的透明效果

39 在仙童身体外形的左边绘制如图3-122所示的对象，将其颜色填充为（C:0、M:5、Y:0、K:0），并取消其外部轮廓，以表现仙童的左手。

40 在左手对象的边缘绘制如图3-123所示的曲线轮廓，并为轮廓设置适当的宽度。

图3-123　左手边缘的轮廓效果

42 绘制如图3-125所示的修剪对象。

图3-125　绘制的修剪对象

38 按照绘制左边发髻上的阴影和高光的操作方法绘制仙童右边发髻上的阴影和高光效果，绘制完成后的发髻效果如图3-121所示。

图3-121　绘制完成后的发髻效果

图3-122　绘制的左手对象

41 选择仙童的身体外形对象，将其复制，并修改复制对象的填充色为（C:0、M:5、Y:0、K:0），如图3-124所示。

图3-124　复制身体外形

43 使用该对象修剪复制的身体外形对象，取消修剪后的对象边缘的外部轮廓，如图3-126所示。

图3-126　身体外形修剪后的效果

44 采用复制对象并绘制相应对象来对复制的对象进行修剪的方法，绘制仙童双腿上的阴影，如图3-127所示。

图3-127　双腿上的阴影效果

45 绘制如图3-128所示的衣服外形，将其填充为"红色"并取消外部轮廓。

图3-128　绘制的衣服外形

46 复制衣服外形对象，将复制对象的填充色修改为（C:0、M:29、Y:100、K:0），然后绘制如图3-129所示的修剪对象。

图3-129　绘制的用于修剪的对象

47 使用步骤46绘制的对象修剪复制的衣服外形对象，得到如图3-130所示的修剪效果。

图3-130　衣服的修剪效果

48 选择修剪后的对象，单击属性栏中的"打散"按钮，将该对象打散为两个独立的对象，然后选择下方的对象，将其填充为"黄色"，如图3-131所示。

图3-131　修改下方对象的颜色

49 使用贝塞尔工具绘制如图3-132所示的衣服花边轮廓，将轮廓色设置为"黄色"，并设置适当的轮廓宽度。

图3-132　绘制的衣服花边

50 导入光盘\源文件与素材\第3章\素材\衣服图案.cdr文件，将图案按如图3-133所示排列在衣服对象上，并将上方的图案颜色填充为"黄色"、下方的图案颜色填充为（C:0、M:15、Y:100、K:0）。

图3-133　导入衣服图案

51 在下方的衣服图案上输入文字"福"，将字体设置为"汉仪秀英体简"，并调整文字到适当的大小，如图3-134所示。

图3-134　输入文本

52 选择文本对象，在属性栏的 ↻ 173.0 选项中设置旋转角度为173°，然后按Enter键，效果如图3-135所示。

图3-135　文字效果

53 使用椭圆形工具在上方的衣服图案上绘制如图3-136所示的圆形，将其填充为从"红色"到"白色"的射线渐变色，并取消其外部轮廓。

图3-136　绘制的圆形

54 将绘制好的衣服对象群组，然后移动到仙童对象上，并按如图3-137所示调整其大小和位置。

图3-137　衣服对象的大小和位置

55 将衣服对象调整为如图3-138所示的排列顺序，完成仙童造型的绘制。

图3-138　完成后的仙童造型

6.3.2　绘制莲花

01 绘制如图3-139所示的第1片莲花花瓣对象。

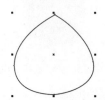

图3-139　绘制的第1片花瓣

02 为花瓣填充从"白色"到（C:0、M:80、Y:45、K:0）的射线渐变色，并将轮廓色设置为（C:0、M:80、Y:45、K:0），如图3-140所示。

图3-140　花瓣对象的填色效果

03 复制步骤02绘制完成的花瓣对象，并绘制如图3-141所示的用于修剪的对象。

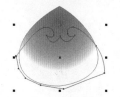

图3-141　绘制用于修剪的对象

04 使用该对象修剪复制的花瓣对象，得到如图3-142所示的修剪效果。

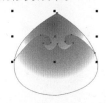

图3-142　花瓣对象的修剪效果

05 将修剪后的对象填充色修改为0%（红色）、16%（C:0、M:77、Y:50、K:0）、100%（C:0、M:10、Y:3、K:0），然后取消其外部轮廓，效果如图3-143所示。

图3-143　修剪后的花瓣颜色

07 按Ctrl+PageDown组合键，将步骤06绘制的对象调整到下一层，效果如图3-145所示。

图3-145　对象排列效果

09 绘制如图3-147所示的第2片花瓣对象，为其填充从"白色"到（C:0、M:100、Y:62、K:0）的线性渐变色，并设置与第1片花瓣对象相同的轮廓色。

10 将第2片花瓣调整到第1片花瓣对象的下一层，如图3-148所示。

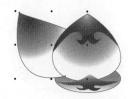

图3-148　对象的排列顺序

12 采用复制对象并绘制相应的对象来修剪复制对象的操作方法为第3片花瓣绘制图案，然后将第1片花瓣图案上的填充色复制到该对象上，并按如图3-150所示调整渐变的角度和边界。

06 绘制如图3-144所示的椭圆形，为其填充从（C:0、M:38、Y:15、K:0）到"白色"的线性渐变色，并将轮廓色设置为（C:0、M:79、Y:29、K:0）。

图3-144　绘制的椭圆形

08 在步骤06绘制的椭圆形上绘制如图3-146所示的图案对象，将其填充为从（C:0、M:94、Y:81、K:0）到"白色"的线性渐变色，并取消其外部轮廓。

图3-146　绘制的图案

图3-147　绘制的第2片花瓣

11 绘制如图3-149所示的第3片花瓣对象，为其填充从"白色"到（C:0、M:92、Y:55、K:0）的线性渐变色，并设置与第1片花瓣对象相同的轮廓色。

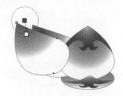

图3-149　绘制的第3片花瓣

13 同时选择第3片花瓣及其图案对象，将其调整到第2片花瓣对象的下一层，如图3-151所示。

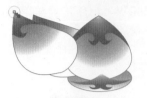

图3-150　花瓣上的图案效果

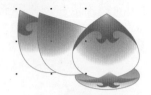

图3-151　调整花瓣的排列顺序

14 绘制第4片和第5片花瓣，为它们填充从"白色"到（C:0、M:100、Y:79、K:0）的射线渐变色，并将它们调整到所有花瓣的最下方，如图3-152所示。

15 按照步骤03和步骤04中的绘制方法绘制莲花中左边部分的另外两片底部花瓣，如图3-153所示。

图3-152　绘制第4片和第5片花瓣

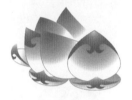

图3-153　绘制另外两片底部花瓣

16 选择第1片花瓣及其底部花瓣以外的所有花瓣对象，如图3-154所示。

17 将选取的花瓣对象复制，然后单击属性栏中的"水平镜像"按钮，将它们水平镜像，再按住Ctrl键，将镜像后的对象水平移动到如图3-155所示的位置。

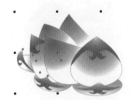

图3-154　选择的花瓣对象

图3-155　复制并镜像后的花瓣对象

18 绘制如图3-156所示的椭圆形，将其颜色填充为（C:24、M:0、Y:100、K:0），并将轮廓色设置为（C:54、M:100、Y:0、K:0），再设置适当的轮廓宽度。

19 绘制如图3-157所示的对象，为其填充从（C:41、M:0、Y:100、K:0）到（C:20、M:0、Y:100、K:0）的线性渐变色，并将步骤18绘制的椭圆形的轮廓属性复制到该对象上。

图3-156　绘制椭圆形

图3-157　绘制的对象

20 将该对象调整到椭圆形的下方，得到如图3-158所示的莲藕外形。

21 绘制如图3-159所示的椭圆形，为其填充从（C:56、M:0、Y:100、K:0）到（C:36、M:0、Y:100、K:0）的线性渐变色，并取消其外部轮廓。

图3-158　莲藕外形

图3-159　绘制的椭圆形

22 绘制如图3-160所示的对象，为其填充从"黄色"到（C:37、M:0、Y:100、K:0）的线性渐变色，并取消其外部轮廓，以表现莲藕中的纹理。

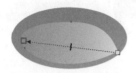

图3-160　莲藕中的纹理效果

23 将绘制好的纹理对象放置在莲藕对象中，按如图3-161所示调整其大小。

图3-161　调整莲藕纹理的大小

24 复制纹理对象，并按如图3-162所示进行排列。

图3-162　复制纹理对象并排列

25 将绘制好的莲藕对象群组，然后与莲花对象进行组合，完成莲花的绘制，效果如图3-163所示。

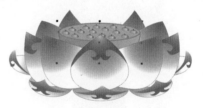

图3-163　绘制好的莲花效果

26 绘制如图3-164所示的荷叶外形，为其填充从（C:11、M:0、Y:92、K:0）到（C:41、M:0、Y:96、K:0）的线性渐变色，并为其设置适当的轮廓宽度。

图3-164　绘制的荷叶外形

27 使用贝塞尔工具在荷叶外形上绘制曲线，并设置与荷叶外形对象相同的轮廓宽度，如图3-165所示。

图3-165　荷叶效果

28 在荷叶右下角绘制如图3-166所示的曲线轮廓，设置轮廓色为（C:41、M:0、Y:96、K:0），并设置与荷叶对象相同的轮廓宽度。

29 执行"排列→将轮廓转换为对象"命令，将步骤28绘制的曲线轮廓转换为对象，然后使用鼠标右键单击调色板中的"黑"色样，为该对象添加黑色轮廓，并为其设置与荷叶相同的轮廓宽度，以表现荷叶的茎杆，效果如图3-167所示。

图3-166　绘制的曲线轮廓

图3-167　茎杆的轮廓效果

30 选择茎杆以外的荷叶对象，将其群组，然后复制一份到如图3-168所示的位置，并调整到下一层。

31 选择绘制好的所有荷叶对象，将其群组，然后复制一份，并按如图3-169所示将荷叶排列在莲花的两边。

图3-168　群组荷叶对象并调整位置

图3-169　荷叶与莲花的排列效果

32 绘制如图3-170所示的莲花花蕾中的第1片花瓣对象，为其填充从"白色"到（C:0、M:80、Y:45、K:0）的射线渐变色，并将轮廓色设置为（C:0、M:55、Y:42、K:0）。

33 采用复制对象并绘制相应的对象来修剪复制对象的操作方法，为步骤32绘制的花瓣制作图案，并设置该图案的填充色为0%（红色）、16%（C:0、M:77、Y:50、K:0）、100%（C:0、M:10、Y:3、K:0），然后取消其外部轮廓，如图3-171所示。

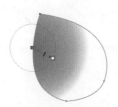

图3-170　绘制的花瓣

图3-171　花瓣上的图案效果

34 绘制如图3-172所示的第2片花瓣对象，为其填充从"白色"到（C:0、M:80、Y:45、K:0）的射线渐变色。

35 将其调整到第1片花瓣对象的下方，并取消外部轮廓，如图3-173所示。

图3-172　绘制第2片花瓣

图3-173　花瓣排列顺序

36 绘制如图3-174所示的第3片花瓣对象，为其填充0%（C:0、M:70、Y:50、K:0）、28%（红色）、100%（C:0、M:10、Y:3、K:0）的线性渐变色，并设置轮廓色为"白色"。

37 将该对象调整到第2片花瓣的下方，如图3-175所示。

图3-174　绘制第3片花瓣

图3-175　花瓣排列顺序

38 绘制如图3-176所示的椭圆形，为其填充从（C:0、M:26、Y:7、K:0）到"白色"的线性渐变色，并取消其外部轮廓。

39 调整到第3片花瓣的下方，如图3-177所示。

图3-176　绘制的椭圆形

图3-177　花瓣的排列顺序

40 在花蕾的底部花瓣上绘制如图3-178所示的图案，为其填充从"红色"到（C:0、M:15、Y:5、K:0）的射线渐变色，并取消其外部轮廓。

41 在步骤40绘制的花蕾底部绘制如图3-179所示的曲线轮廓，设置轮廓色为（C:52、M:0、Y:100、K:0），并设置适当的轮廓宽度作为莲花的茎杆。

图3-178　底部花瓣上的图案

图3-179　绘制好的莲花效果

42 将绘制好的莲花花蕾对象群组，然后与仙童造型按如图3-180所示进行组合。

43 将组合后的仙童和花蕾对象群组，然后与前面绘制好的莲花按如图3-181所示进行组合，并将仙童对象调整到莲花的上方，完成莲花仙童的造型制作。

图3-180　莲花与仙童的组合

图3-181　莲花仙童造型

动漫梦工场 **CorelDRAW插画创作技法**

44 导入光盘\源文件与素材\第3章\素材\背景图像.jpg文件，将背景图像调整到最下层，并与莲花仙童对象按如图3-182所示进行组合。

图3-182　背景图像效果

46 为该对象创建透视阴影效果，然后在属性栏中设置如图3-184所示的阴影属性。

47 设置完成后得到如图3-185所示的阴影效果。

图3-185　修改属性后的阴影效果

49 采用绘制轮廓并将轮廓转换为对象，再编辑对象形状的方法，绘制如图3-187所示的云彩对象。

图3-187　绘制的云彩对象

45 单独选择莲花对象，使用交互式阴影工具在对象下方居中的位置向上拖动鼠标，如图3-183所示。

图3-183　创建阴影效果的操作

图3-184　阴影属性设置

48 使用同样的操作方法为荷叶创建如图3-186所示的透视阴影效果。

图3-186　荷叶的阴影效果

50 将云彩对象的颜色填充为（C:45、M:99、Y:98、K:0），然后移动到背景图像的右上角，并为其应用透视效果阴影，完成本实例的制作，效果如图3-188所示。

图3-188　完成后的插画效果

举一反三 | 秋 景

在学习使用渐变填色的方法和技巧后，打开光盘\源文件与素材\第3章\源文件\秋景.cdr文件，如图3-189所示，然后结合本章中所学的绘图和填色知识，练习绘制该文件中的插画效果。

图3-189　秋景插画效果

绘制画面背景

绘制桌椅

绘制杯碟

组合背景、桌椅和杯碟

绘制枫叶组合

枫叶和枫树的枝丫

◎ 关键技术要点 ◎

01 首先观察该插画，分清主次，列出一个适合绘制该插画对象的操作先后顺序。

02 使用矩形工具和贝塞尔工具绘制插画中的背景和小径对象，并使用"渐变填充"对话框为各个对象填充相应的颜色，小径对象为"白色"。

03 结合使用椭圆形工具、矩形工具、贝塞尔工具和复制功能绘制桌椅和杯碟，并使用"均匀填充"对话框和"渐变填充"对话框为各个对象着色。

04 使用贝塞尔工具绘制出杯碟中冒出的热气形状，并使用交互式透明工具为热气应用标准透明效果，使热气效果变得自然。

05 结合使用贝塞尔工具、"均匀填充"对话框和"渐变填充"对话框绘制枫叶，然后将枫叶对象复制在画面中不同的位置，并调整各个枫叶对象的大小，形成秋风扫落叶的自然效果。

06 使用贝塞尔工具绘制枫树的树干，为其填充相应的颜色后完成本实例的制作。

读书笔记

☑ ☑ ☐ ☐ ☐

第4章

The 4th Chapter

▶▶▶

插画色彩应用（二）

　　网格填充方式是CoreIDRAW中最为特殊的一种填色方式，它通过在对象上创建不同形状、行数和列数的网格，从而在对象上指定的区域内填充所需要的颜色。同时，通过调整网格的形状可以改变颜色扭曲的方向。因此，使用此种方式填充的对象具有色彩丰富、效果各异的特点。

○ 招财童子...124

○ 唯美花纹...158

○ 水墨荷花...139

Work1 要点导读

网格填色和渐变填色相比，有更突出的表现。网格填色工具可以为同一个对象中的不同区域填充不一样的颜色，使对象的立体感更强。因此，在进行插画设计时，通过为对象应用网格色，可以得到更加逼真、自然的色彩效果，如图4-1所示。

图4-1　插画中的网格填色应用效果

使用交互式网状填充工具可以在对象上创建任何方向的平滑颜色过渡，从而产生独特的效果。在应用网状填充时，可以指定网格的列数和行数以及网格的交叉点，还可以通过添加或删除节点（网格交点）来调整网格。在不需要应用网状填充效果时，可以将其清除。需要注意的是，网状填充只能应用于闭合对象或单条路径。

在选择交互式网状填充工具后，可以对网格进行造型上的编辑，但在为对象填充网格色时，则需要结合使用"颜色"泊坞窗来完成。

下面主要介绍使用"颜色"泊坞窗在网格中添加颜色的方法：

01 选择需要填充网格色的对象，然后在交互式填充工具的展开工具栏中选择交互式网状填充工具，此时，系统将根据选定对象的外形创建网格，如图4-2所示。

02 将光标移动到网格线上，当光标变为状态时双击，可在此处添加一个节点，并增加一条经过该点的网格线，如图4-3所示。

图4-2　创建的默认网格

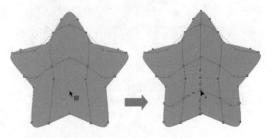

图4-3　添加网格线

03 在编辑网格时，如果需要删除多余的网格节点，可以按住Shift键选择需要删除的多个节点，然后按Delete键即可将它们删除，如图4-4所示。如果删除的为网格交点，则在删除网格交点的同时将删除对应的网格线。

04 选择需要填充的节点，然后执行"窗口→颜色"命令，打开"颜色"泊坞窗，在其中设置所需的颜色，然后单击"填充"按钮，即可填充选取的节点所在的区域，如图4-5所示。

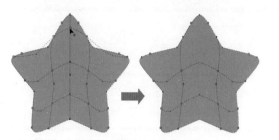

图4-4　删除多余的节点

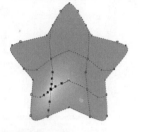

图4-5　填充选定的节点

05 拖动节点或网格中的相交点，可以扭曲填充颜色的方向，如图**4-6**所示。

06 在不需要应用网格填充效果时，单击交互式网格填充工具属性栏中的"清除网状"按钮，即可清除选定对象中的所有颜色。

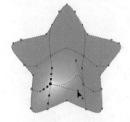

图4-6　扭曲填充颜色的方向

　　除了使用"颜色"泊坞窗为网格添加颜色外，还可以直接在调色板中将颜色添加到网格中。

　　选择需要填充的节点，然后使用鼠标左键单击调色板中的色样，即可使用指定的颜色填充该节点所在的区域，如图**4-7**所示。

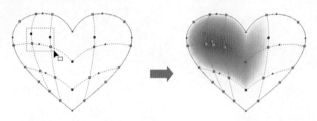

图4-7　填充选定的节点

技巧点睛
　　编辑网格的操作方法与调整曲线形状的方法相似。用户在选择网格节点后，可以按照调整曲线形状的方法来编辑填充网格。

　　上面学习了交互式网格填充工具的基本使用方法，下面将通过绘制招财童子和水墨荷花的操作练习，使读者进一步掌握填充纯色、渐变色和网格色的各种操作方法。

Work2 案例解析

　　在学习了图形网格填色的相关知识后，下面通过实例来掌握其具体技术要点。

CorelDRAW X4

Example

7

招财童子

下面将绘制招财童子系列中的拜年童子形象，使读者掌握绘制动漫风格卡通形象的表现方法，并掌握利用交互风格填充工具为对象填色的方法。

...凤凰头饰

...珍珠簪

...头冠边缘

...头冠

...脸部细节

...衣服花边

7.1 效果展示

原始文件：Chapter 4\Example 7\招财童子.cdr

最终效果：Chapter 4\Example 7\招财童子.jpg

学习指数：★★★★

招财童子源于中国传统文化，结合现代流行的动漫表现手法，以不同的造型和色彩塑造不同的小童子，具有极强的可视性和亲和力，能给人一种吉祥、平安和快乐的感觉。

7.2 技术点睛

在绘制本实例时，最关键的部分是对小童子头冠的绘制，头冠的造型传承了中国国粹——京剧中的人物头冠造型。由于其组成的装饰物件较多，因此绘制起来相对复杂，但只要读者仔细观察其构成，找出其组成规律，就会变得很简单。

在绘制本实例时，读者应注意以下几个操作环节。

（1）在绘制小童子的头冠时，可以将头冠造型分为几个独立的部分单独进行绘制，包括头冠中的凤凰簪、珍珠簪、边缘处的花朵造型以及镶嵌的珍珠。

（2）头冠以顶部的凤凰簪为主体，下方的3个凤凰簪造型是一致的，可以只绘制其中一个，再通过复制并调整角度的方式来绘制其他两个；在绘制珍珠簪和镶嵌的珍珠时，由于珍珠对象都是相同的，所以可先绘制一个珍珠对象，再通过复制并排列的方法绘制头冠上的珍珠造型。

（3）小童子脸上的红晕效果是通过将椭圆形对象转换为位图，再为位图应用高斯式模糊效果后得到的。

（4）在绘制小童子的传统服饰时，首先要绘制出衣服各个部分的组成对象，然后在衣服上绘制线条轮廓，以体现衣服上的花边，最后将导入的衣服图案排列在衣服上即可。

7.3 步骤详解

绘制本实例的过程将分为3个部分。首先绘制招财童子的大致外形，然后绘制其头冠，最后刻画其脸部和衣服细节。下面一起来完成本实例的制作。

7.3.1 绘制招财童子的大致外形

01 使用贝塞尔工具绘制招财童子的头部外形，将其填充为"黑色"，并取消外部轮廓，如图4-8所示。

02 绘制招财童子的脸部外形，将其颜色填充为（C:0、M:3、Y:0、K:0），并取消其外部轮廓，如图4-9所示。

图4-8 绘制的头部外形

图4-9 绘制的脸部外形

03 绘制招财童子的衣服外形，为其填充从"红色"到（C:0、M:100、Y:100、K:20）的线性渐变色，然后将该对象的外部轮廓色设置为"黄色"，并设置适当的轮廓宽度，如图4-10所示。

04 绘制招财童子左手的衣袖对象，然后将步骤03绘制的衣服对象中的填充和轮廓属性复制到该对象上，并将终点处的渐变色调整为（C:0、M:100、Y:100、K:15），再按如图4-11所示调整渐变角度。

图4-10　绘制的衣服外形

图4-11　绘制的衣袖

05 绘制如图4-12所示的左手对象，为其填充从"白色"到（C:0、M:47、Y:37、K:0）的线性渐变色，并设置适当的轮廓宽度。

06 将左手对象移动到衣袖的右边，并调整到适当的大小，然后调整到衣袖对象的下方，效果如图4-13所示。

图4-12　绘制的左手

图4-13　左手效果

07 绘制如图4-14所示的披肩对象。

08 将衣袖对象上的填充和轮廓属性复制到披肩对象上，并调整好渐变的边界和角度，再将衣袖和左手对象调整到最上层，效果如图4-15所示。

图4-14　绘制的衣服上的披肩

图4-15　披肩效果

09 绘制衣服左侧的衣边对象，为其填充0%（C:100、M:47、Y:100、K:0）、72%（C:64、M:0、Y:100、K:0）、100%（C:28、M:0、Y:73、K:0）的射线渐变色，并将衣服对象上的轮廓属性复制到该对象上，如图4-16所示。

10 将衣袖和左手对象调整到衣边对象的上方，效果如图4-17所示。

图4-16 绘制的衣边

图4-17 衣边效果

11 绘制衣服右侧的衣边对象，将左侧衣边对象上的填充和轮廓属性复制到该对象上，如图4-18所示。

12 绘制衣服底部的衣边对象，为其填充0%（C:100、M:47、Y:0、K:0）、31%（C:81、M:0、Y:0、K:0）、100%（C:81、M:100、Y:0、K:0）的线性渐变色，并将衣服对象上的轮廓属性复制到该对象上，如图4-19所示。

图4-18 绘制的右侧衣边

图4-19 绘制的衣服底部的衣边

7.3.2 绘制头冠

01 绘制如图4-20所示的头冠边缘对象，将其颜色填充为（C:30、M:0、Y:0、K:0），然后将对象的外部轮廓色设置为"白色"，并设置适当的轮廓宽度。

02 绘制如图4-21所示的花朵造型，然后将头冠边缘对象上的填充和轮廓属性复制到这些对象上，并适当减小轮廓的宽度。

图4-20 绘制的头冠边缘

图4-21 绘制的头冠上的花朵

技巧点睛

由于在绘制头冠时需要为头冠对象添加白色的外部轮廓，所以此处为了更好地观察绘图效果，特意在对象下方添加了一个底色。

03 绘制如图4-22所示的头冠对象，分别将它们的颜色填充为"蓝色"和（C:100、M:32、Y:0、K:0），并为它们设置与花朵造型相同的轮廓属性。

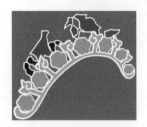

图4-22　绘制的头冠

05 在翅膀对象上绘制如图4-24所示的"白色"线条轮廓，并为线条轮廓设置适当的轮廓宽度。

图4-24　绘制的翅膀上的线条轮廓

07 绘制凤凰的头部和头部羽毛对象，将它们的颜色填充为（C:100、M:32、Y:0、K:0），并将头冠花朵对象上的轮廓属性复制到这些对象上，效果如图4-26所示。

图4-26　绘制的凤凰的头部和羽毛

09 绘制凤凰头部的冠子对象，为其填充从（C:64、M:0、Y:100、K:0）到（C:100、M:16、Y:100、K:10）的线性渐变色，并设置与凤凰羽毛对象相同的轮廓属性，如图4-28所示。

04 绘制如图4-23所示的凤凰翅膀对象，为其填充从（C:30、M:0、Y:0、K:0）到（C:100、M:0、Y:0、K:0）的线性渐变色，并将头冠边缘对象上的轮廓属性复制到该对象上。

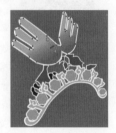

图4-23　绘制的凤凰翅膀

06 在翅膀对象上绘制如图4-25所示的山形对象，将其填充为"蓝色"，并将头冠花朵对象上的轮廓属性复制到该对象上。

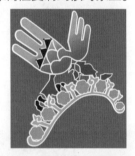

图4-25　绘制的翅膀上的山形对象

08 绘制凤凰的嘴壳和眼睛对象，将嘴壳对象填充为"红色"，眼睛对象填充为"蓝色"，并设置适当宽度的"白色"轮廓，如图4-27所示。

图4-27　绘制的凤凰的嘴壳和眼睛

10 在凤凰的羽毛和冠子上绘制如图4-29所示的"白色"高光对象。

图4-28　绘制的冠子

图4-29　绘制的高光

11 取消羽毛和冠子的外部轮廓，然后分别为它们应用如图4-30所示的线性透明效果。

12 绘制另一种造型的凤凰图案，并为图案中的各个对象填充相应的颜色，然后为各个对象设置与花朵造型相同的轮廓属性，如图4-31所示。

图4-30　羽毛和冠子上的线性透明效果

图4-31　绘制的另一种凤凰图案

13 将绘制好的两种凤凰图案分别群组，然后移动到头冠上，并按如图4-32所示进行排列。

14 绘制如图4-33所示的两个圆形，将小的圆形填充为"白色"，大的圆形填充从10%（黑色）到"白色"的射线渐变色，并取消它们的外部轮廓，以表现其中一粒珍珠效果。

图4-32　头冠上的凤凰排列效果

图4-33　绘制的珍珠

15 将步骤14绘制的珍珠对象复制，并按如图4-34所示进行排列组合。

16 将步骤15组合的珍珠造型分别群组，然后按如图4-35所示放置在头冠上，以表现头冠上镶嵌的珍珠效果。

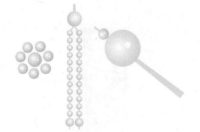

图4-34　珍珠的组合效果

图4-35　头冠上的珍珠镶嵌效果

17 绘制如图4-36所示的对象，将其颜色填充为（C:60、M:0、Y:0、K:0），并为其设置与头冠中的花朵造型相同的轮廓属性。

图4-36　绘制的对象

18 按照绘制相同大小的圆形组合并将所有圆形焊接为一个对象的方法，绘制如图4-37所示的花朵轮廓，将轮廓色设置为"白色"，并调整好轮廓宽度。

图4-37　绘制的花朵轮廓

19 将步骤18绘制的花朵轮廓复制，并缩小到一定的大小，得到如图4-38所示的图案效果。

图4-38　复制并缩小后的花朵轮廓效果

20 绘制如图4-39所示的椭圆形组合，将椭圆形的颜色填充为（C:50、M:0、Y:0、K:0），并设置适当宽度的"白色"轮廓。

图4-39　绘制的椭圆形组合

21 将前面绘制的珍珠对象复制一份到椭圆形对象的上方，并调整到适当的大小，然后使用矩形工具绘制如图4-40所示的矩形，将其填充为8%（黑色），并取消其外部轮廓。

图4-40　绘制的矩形

22 在椭圆形组合的左侧绘制如图4-41所示的挂饰，将挂饰对象填充为"黄色"，并为最下方的矩形对象应用开始透明度为30的标准透明效果。

图4-41　绘制的挂饰

23 在挂饰中的空缺位置绘制如图4-42所示的矩形，将它们的颜色填充为（C:46、M:0、Y:100、K:0），并为它们应用开始透明度为10的标准透明效果。

图4-42　绘制的矩形

24 将绘制好的挂饰对象复制一份到椭圆形组合的右侧，并修改挂饰对象的填充色为（C:50、M:0、Y:0、K:0），然后为其中两个挂饰对象分别应用开始透明度为60和30的标准透明效果，如图4-43所示。

图4-43　挂饰效果

26 将挂饰对象群组，然后与前面绘制的图案进行如图4-45所示的组合。

图4-45　组合后的挂饰效果

28 将挂饰对象调整到头冠的下方，如图4-47所示。

图4-47　调整挂饰排列顺序

30 将绘制好的头冠移动到招财童子的头部，并调整到适当的大小和位置，如图4-49所示。

25 将挂饰对象复制一份到椭圆形组合的底端，并按如图4-44所示将其修改为黄色和红色组合的挂饰效果。

图4-44　红色与黄色组合的挂饰效果

27 将组合后的对象复制一份，并分别移动到头冠的左右两侧，调整好对象的大小和位置，效果如图4-46所示。

图4-46　头冠上的挂饰效果

29 在头冠边缘处绘制如图4-48所示的"红色"对象，并取消其外部轮廓。

图4-48　绘制好的头冠效果

31 将头冠右边的挂饰对象调整到招财童子头部的下方，如图4-50所示。

图4-49　招财童子头部的头冠效果

图4-50　调整挂饰的排列顺序

7.3.3　刻画招财童子的脸部和衣服细节

01 使用交互式网格填充工具为招财童子的脸部创建如图4-51所示的填充网格。

图4-51　创建的填充网格

02 选择如图4-52所示的网格节点。

图4-52　选择网格节点

03 在"颜色"泊坞窗中设置（C:0、M:24、Y:12、K:0）的颜色并为它们填充，如图4-53所示。

图4-53　颜色参数设置

04 选择如图4-54所示的网格节点，然后设置（C:0、M:33、Y:12、K:0）的颜色进行填充。

图4-54　所选网格节点的填色效果

05 在招财童子的脸部绘制如图4-55所示的眼睛对象，并使用基本形状工具 在其额头上绘制一个心形，将心形填充为"红色"，并取消其外部轮廓。

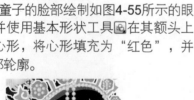

图4-55　绘制的眼睛和心形

06 将心形调整到头冠上的珍珠吊坠的下方，如图4-56所示。

图4-56　调整心形的位置

07 绘制如图4-57所示的嘴巴对象，将嘴巴中的口腔对象的颜色填充为（C:0、M:100、Y:100、K:17），舌头对象填充为"红色"，牙齿对象填充为"白色"，并为口腔对象设置适当宽度的"黑色"轮廓。

图4-57　绘制的嘴巴对象

08 在舌头对象上绘制如图4-58所示的"白色"高光对象，并取消其外部轮廓。

09 为高光对象应用如图4-59所示的线性透明效果。

图4-58　绘制嘴巴上的高光对象

图4-59　高光对象上的透明效果

10 将绘制好的嘴巴对象群组，然后移动到招财童子脸部的适当位置，并调整到适当的大小，如图4-60所示。

11 使用椭圆形工具绘制招财童子左脸上的红晕对象，将其填充为"红色"，并取消外部轮廓。将红晕对象转换为位图，并为其应用高斯式模糊效果，如图4-61所示。

图4-60　招财童子的嘴巴效果

图4-61　左脸上的红晕效果

12 将模糊处理后的红晕对象复制一份到右脸上的适当位置，并使用形状工具根据脸部边缘形状对红晕对象进行裁剪，效果如图4-62所示。

13 在衣服上绘制如图4-63所示的"黄色"和"蓝色"轮廓，以表现衣服上的花边效果。

图4-62　右脸上的红晕效果

图4-63　绘制衣服上的花边轮廓

14 将衣袖、左手以及衣袖上的轮廓对象群组，然后将它们调整到最上层，如图4-64所示。

15 绘制如图4-65所示的衣扣对象，将它们填充为"深黄色"。

图4-64　调整对象的排列顺序

图4-65　绘制的衣扣

16 将衣扣对象移动到衣服上，并按如图4-66所示进行排列。

17 将群组后的衣袖和左手对象调整到衣扣的上方，如图4-67所示。

图4-66　衣扣的排列效果

图4-67　调整排列顺序

18 导入光盘\源文件与素材\第4章\素材\衣服图案.cdr文件，如图4-68所示。

19 将前两个图案的颜色填充为（C:0、M:48、Y:100、K:0），并添加适当宽度的"黄色"轮廓，将最后一个图案填充为"黄色"，如图4-69所示。

图4-68　导入的衣服图案

图4-69　图案的填色效果

20 将修改颜色后的衣服图案移动到衣服上，并按如图4-70所示进行排列组合。

21 在衣服的右侧绘制如图4-71所示的对象，为其填充从"红色"到（C:0、M:100、Y:100、K:23）的线性渐变色，并取消其外部轮廓。

图4-70　衣服上的图案效果

图4-71　绘制的对象

22 将步骤21绘制的对象调整为如图4-72所示的排列顺序，以表现衣服上的明暗层次。

图4-72　调整对象的排列顺序

24 绘制如图4-74所示的"黑色"圆角矩形，并取消其外部轮廓。

图4-74　绘制的圆角矩形

26 将步骤24和25绘制的对象按如图4-76所示进行组合，作为画卷一端的轴线。

27 绘制如图4-77所示的画卷对象，将它们分别填充为（C:0、M:26、Y:100、K:0）和"红色"。

图4-77　绘制画卷

29 将轴线对象复制一份到画卷的另一端，并按如图4-79所示适当调整其角度。

23 绘制如图4-73所示的对象，并为其填充0%（黑色）、50%（C:0、M:61、Y:75、K:0）、100%（黑色）的线性渐变色。

图4-73　绘制的对象

25 在圆角矩形上绘制如图4-75所示的"白色"高光对象，取消其外部轮廓后，为其应用如图4-75所示的线性透明效果。

图4-75　绘制圆角矩形高光

图4-76　画卷一边的效果

28 设置适当宽度的"红色"轮廓，将画卷对象调整到轴线的下方，如图4-78所示。

图4-78　调整画卷到轴线的下方

30 在画卷上方的轴线上绘制如图4-80所示的椭圆形，为其填充从（C:0、M:61、Y:75、K:0）到"白色"的线性渐变色，并为其设置适当宽度的"黑色"轮廓，以表现招财童子右手拿着画卷的效果。

图4-79　画卷另一端的轴线

图4-80　绘制拿着画卷的右手

31 在画卷上输入文字"爱心永驻"，设置字体为"魏碑体"，并填充文字为"黄色"，如图4-81所示。

32 将绘制好的画卷对象群组，然后与招财童子进行如图4-82所示的组合。

图4-81　输入画卷中的文字

图4-82　画卷与人物造型的组合

33 导入光盘\源文件与素材\第4章\素材目录下的"背景.cdr"和"背景图案.cdr"文件，将背景图案填充为"▌红色"，然后将它们按如图4-83所示进行排列。

34 为背景图案应用开始透明度为60的标准透明效果，将招财童子对象放置在背景图案上，并按如图4-84所示调整其大小和位置。

图4-83　背景图案

图4-84　背景上的招财童子形象

35 复制招财童子对象，并将复制的对象垂直镜像，然后将其转换为位图，并为其应用开始透明度为75的标准透明效果，如图4-85所示。

36 使用形状工具对镜像后的对象进行如图4-86所示的裁剪，完成本实例的制作。

图4-85　镜像后的对象　　　　　　　　　图4-86　裁剪后的对象效果

　　学习完前面**7**个实例后，可能有些读者对于插画的详细定义还不太明确。下面将详细介绍什么是插画。

　　插画即我们以前所通称的插图，现代插画的内涵更为广泛，商业性也更鲜明，广泛存在于为电影、电视、服装等所做的广告画，为月历、唱片、邮票等所作的设计，乃至商品说明书、企业样本设计等所有印刷媒体中。

　　插画是一种视觉创作媒介，插者，切入之意，将图画切入文字，对文章或概念加以描述、说明或提供视觉意象，加强其感染力。插画在创意工业中已成为分量不轻的一部分。

　　无论是传统画笔还是电脑绘制，插画的绘制都是一个相对独立的创作过程，有很强烈的个人情感归依。与插画相关的工作有很多种，不同性质的工作需要不同性质的插画人员，所需风格及技能也有所差异。就算是专业的杂志插画，每家出版社所喜好的风格也不同。所以现在的插画越来越商业化，要求也越来越高，更加趋向于专业化，再也不同于以前那种可能只为表达个人某时某刻想法的插画。

举一反三 | 精 灵 |

打开光盘\源文件与素材\第4章\源文件\精灵.cdr文件，如图4-87所示，然后结合所学的绘图知识，练习绘制该文件中的精灵造型。

图4-87 绘制的精灵

绘制精灵的基本外形　　绘制头发和轮廓受光效果　　绘制左眼和右眼

绘制嘴巴　　　　　　绘制背景图案　　　　　绘制篮子

● 关键技术要点 ●

01 在绘制精灵的头发时，首先复制精灵的基本外形，然后绘制用于修剪的源对象，再利用"修剪"命令得到头发对象。

02 精灵眼睛中的反光效果是采用绘制反光对象，再为其应用线性透明效果来制作的。

03 在绘制篮子时，首先使用贝塞尔工具绘制一个梯形，然后分别绘制竖向和横向的矩形，再使用这些矩形修剪梯形即可。

Example

8

水墨荷花

下面将绘制一幅水墨风格的荷花图，在绘制过程中，将使用网格填充工具对荷花花瓣、绿叶和背景进行简单的网格填色处理。

...绘制荷花

...绘制荷叶

...绘制水草

8.1　效果展示

原始文件：Chapter 4\Example 8\水墨荷花.cdr

最终效果：Chapter 4\Example 8\水墨荷花.jpg

学习指数：★★★

本实例中绘制的水墨风格荷花色彩淡雅、清新，给人一种神清气爽的视觉享受。点缀在荷花上方的蜻蜓，在整个画面中起到了画龙点睛的作用，使宁静的氛围中增添了一抹生机盎然的气息。观赏此画面，使人仿佛闻到了一股来自荷塘的幽幽清香。

8.2 技术点睛

在绘制本实例中的水墨荷花效果时，主要通过使用CorelDRAW X4中的交互式网格填充工具来表现荷花和荷叶中的色彩变化效果。通过本实例的学习，将使读者掌握更多的图形绘制和色彩处理技巧，以便于今后能够轻松绘制出各式各样的图案效果。

在绘制本实例时，读者应注意以下几个操作环节。

（1）在绘制荷花的花瓣和荷叶时，首先需要绘制出花瓣的外形，然后使用交互式网格填充工具为对象创建填充式网格，再通过"颜色"泊坞窗为对象中选定的区域填充适合的颜色。

（2）在绘制有卷边的荷叶时，需要将正面和底面荷叶部分分成两个部分来绘制，这样便于不同部分的颜色处理。

（3）在绘制荷花的花蕊时，主要是使用椭圆形工具，并为绘制的椭圆形填充相应的均匀色来完成的。

（4）蜻蜓的绘制方法相对简单，其中，对蜻蜓透明翅膀的处理主要通过为翅膀对象应用标准透明效果来完成。

（5）背景中带毛边的不规则边缘效果，是通过使用粗糙画笔工具制作而成的。而最下层背景图中不规则的色彩变化效果是通过使用交互式网格填充工具为不同区域填充相应的颜色制作完成的。

8.3 步骤详解

绘制本实例中的水墨荷花将分为4个部分，分别是绘制荷花、荷叶、蜻蜓和画面中的背景装饰。下面一起来完成本实例的制作。

8.3.1 绘制荷花

01 使用贝塞尔工具绘制如图4-88所示的一片荷花花瓣外形，将其填充为"白色"，并设置轮廓色为"深褐色"（C:0、M:20、Y:20、K:60）。

02 选择该花瓣对象，然后将工具切换到交互式网格填充工具 ▦，此时，在对象上将出现如图4-89所示的网格效果。

图4-88 绘制花瓣

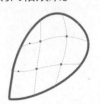

图4-89 创建网格

03 使用交互式网格工具在如图4-90所示的网格节点上双击，删除该节点。

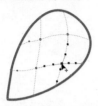

图4-90　删除网格节点

05 单击选择剩下的一个网格节点，然后按照使用形状工具调整曲线形状的方法将网格调整为如图4-92所示的形状。

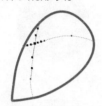

图4-92　编辑网格形状

07 执行"窗口→泊坞窗→颜色"命令，打开"颜色"泊坞窗，在其中设置颜色参数为（C:0、M:30、Y:0、K:0），然后单击"填充"按钮，得到如图4-94所示的填充效果。

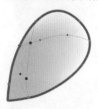

图4-94　填充效果

09 单击调色板中的"白"色样，得到如图4-96所示的填充效果。

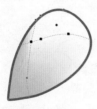

图4-96　填充效果

11 单击调色板中的"白"色样，得到如图4-98所示的填充效果。

04 删除节点后的网格效果如图4-91所示。

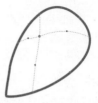

图4-91　删除所选节点后的网格效果

06 在如图4-93所示的区域内单击，以指定在网格内需要填充的范围。

图4-93　单击选择网格内需要填充的区域

08 在如图4-95所示的区域内单击。

图4-95　选择要填充的区域

10 选择如图4-97所示的网格节点。

图4-97　选择填充处的网格节点

12 按空格键切换到挑选工具，完成花瓣对象的填色操作，效果如图4-99所示。

图4-98　填充所选区域效果

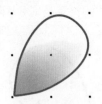

图4-99　填充选择对象的效果

13 按照同样的操作方法，绘制荷花中的其他花瓣，效果如图4-100所示。

14 绘制一个圆形，将其颜色填充为（C:22、M:38、Y:83、K:0），并设置轮廓色为"深褐色"，如图4-101所示。

图4-100　绘制其他花瓣后的效果

图4-101　绘制圆形

15 结合椭圆形工具、"复制"命令和交互式透明工具，在步骤14绘制的圆形上绘制椭圆，将椭圆的颜色填充为（C:9、M:23、Y:76、K:0），并取消其外部轮廓，如图4-102所示。

16 将绘制好的所有椭圆对象群组，然后精确剪裁到圆形对象中，以表现荷花中的花蕊效果，如图4-103所示。

图4-102　椭圆形组合效果

图4-103　荷花中的花蕊效果

17 将绘制好的花蕊与花瓣对象组合，并注意调整部分花瓣对象的前后排列顺序，效果如图4-104所示。

18 将绘制好的荷花对象复制一份到空白区域。选择其中一个花瓣对象，切换到交互式网格填充工具，在该花瓣中需要填充的网格区域内单击，如图4-105所示。

图4-104　绘制好的荷花

图4-105　选择所要填充的区域

19 在"颜色"泊坞窗中设置颜色为（C:3、M:5、Y:35、K:0），单击"填充"按钮，得到如图4-106所示的效果。

20 按如图4-107所示在对应的区域内单击。

图4-106　填充后的效果

图4-107　选择要填充的区域

21 然后将该区域填充为"白色"，效果如图4-108所示。

22 按如图4-109所示选择对应的网格节点。

图4-108　填充为白色后的效果

图4-109　选择要填充的网格节点

23 将对应的区域填充为"白色"，效果如图4-110所示。

24 按照同样的修改颜色的方法将其他的花瓣修改为淡黄色调，效果如图4-111所示。

图4-110　填充为白色后的效果

图4-111　另一种颜色的荷花效果

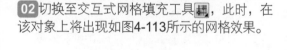

8.3.2　绘制荷叶

01 使用贝塞尔工具绘制如图4-112所示的部分区域的荷叶外形，将其颜色填充为（C:2、M:15、Y:57、K:0），并设置轮廓色为"深褐色"。

02 切换至交互式网格填充工具，此时，在该对象上将出现如图4-113所示的网格效果。

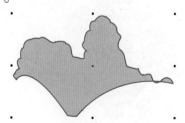

图4-112　绘制荷叶中部分区域的外形

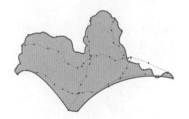

图4-113　创建的网格效果

03 使用交互式网格填充工具 ⊞ 将网格编辑为如图4-114所示的形状。

04 按如图4-115所示框选网格节点。

图4-114　编辑网格形状

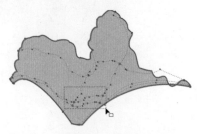

图4-115　框选填充区域中的网格节点

05 选取的网格节点如图4-116所示。

06 在"颜色"泊坞窗中设置颜色参数为（C:9、M:12、Y:0、K:0），然后单击"填充"按钮，得到如图4-117所示的填充效果。

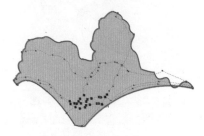

图4-116　选择的网格节点

图4-117　填充效果

07 选择如图4-118所示的网格节点。

08 将颜色参数设置为（C:9、M:14、Y:18、K:0），得到如图4-119所示的填充效果。

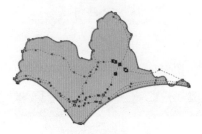

图4-118　选择网格节点

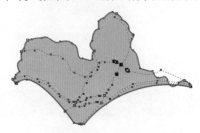

图4-119　填充效果

09 在网格底端选择如图4-120所示的网格节点。

10 将这些节点所在的区域的颜色填充为（C:5、M:17、Y:21、K:14），效果如图4-121所示。

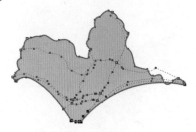

图4-120　选择网格节点

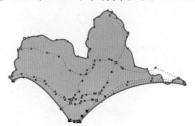

图4-121　填充效果

11 切换到艺术笔工具，单击属性栏中的"预设"按钮，并选择适当的预设笔触和适当的艺术笔工具的宽度后，在步骤10制作的荷叶上绘制如图4-122所示的笔触，然后将绘制的笔触对象的颜色填充为（C:0、M:20、Y:70、K:20），再取消其外部轮廓。

图4-122　预设笔触的效果

12 单击艺术笔工具属性栏中的"书法"按钮，并设置适当的艺术笔工具的宽度，然后在荷叶上绘制如图4-123所示的茎脉。将茎脉对象的颜色填充为（C:8、M:22、Y:75、K:0），并取消其外部轮廓。

图4-123　书法笔触的效果

13 单击艺术笔工具属性栏中的"压力"按钮，并设置适当的艺术笔工具的宽度，然后继续在荷叶上绘制如图4-124所示的茎脉。将茎脉对象的颜色填充为（C:8、M:22、Y:75、K:0），并取消其外部轮廓。

图4-124　绘制的压力笔触并填色后的效果

14 绘制如图4-125所示的另一部分荷叶外形。

图4-125　绘制的荷叶外形

15 将该对象的轮廓色设置为（C:64、M:55、Y:81、K:6），并为其填充0%（C:20、M:19、Y:80、K:19）、54%与100%（C:70、M:45、Y:100、K:33）的射线渐变色，如图4-126所示。

图4-126　对象的渐变填充

16 继续绘制另一部分荷叶外形，然后将步骤15绘制的荷叶对象中的填充色和轮廓属性复制到该对象上，并按如图4-127所示调整渐变的边界和角度。

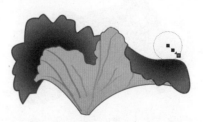

图4-127　绘制另一部分荷叶外形

17 选择该荷叶对象，按Ctrl+PageDown组合键，将其调整到黄色调荷叶对象的下方，如图4-128所示。

18 使用艺术笔工具绘制荷叶中的茎脉，将它们的颜色填充为（C:72、M:44、Y:100、K:38），并取消其外部轮廓，如图4-129所示。

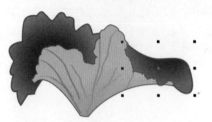

图4-128 调整对象的排列顺序

图4-129 绘制的荷叶上的茎脉

19 将茎脉对象群组，并精确剪裁到对应的荷叶对象中，效果如图4-130所示。

20 如图4-131所示，使用贝塞尔工具绘制另一部分荷叶的茎脉，将它们的颜色填充为（C:68、M:44、Y:100、K:38），并取消其外部轮廓。

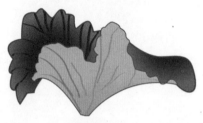

图4-130 将茎脉精确剪裁到荷叶对象中的效果

图4-131 绘制的另一部分叶片上的茎脉

21 绘制如图4-132所示的荷叶外形，设置其轮廓色为"深褐色"，并为其填充0%（C:20、M:19、Y:90、K:19）、54%与100%（C:70、M:45、Y:100、K:33）的射线渐变色。

图4-132 绘制的荷叶外形

22 分别绘制如图4-133所示的卷起的荷叶外形，将它们的颜色填充为（C:3、M:11、Y:50、K:0），并将轮廓色设置为"深褐色"。

23 选择步骤22绘制的左边的卷叶对象，然后切换到交互式网格填充工具，并将网格编辑为如图4-134所示的效果。

图4-133 绘制的卷起的荷叶外形

图4-134 在其中一片卷叶上创建的网格效果

24 选择如图4-135所示的网格节点。

25 在"颜色"泊坞窗中设置颜色参数为（C:14、M:33、Y:0、K:10），单击"填充"按钮后得到如图4-136所示的填充效果。

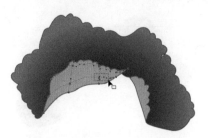

图4-135　选择填充区域内的网格节点

26 框选如图4-137所示的网格节点。

图4-137　选择网格节点

28 选择另一个卷叶对象，切换到交互式网格填充工具，将自动创建如图4-139所示的网格效果。

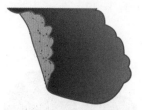

图4-139　另一片卷叶中的网格效果

30 框选如图4-141所示的网格节点。

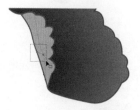

图4-141　选择网格节点

32 按如图4-143所示在墨绿色荷叶上绘制茎脉，将茎脉对象的颜色填充为（C:68、M:44、Y:100、K:38），并取消其外部轮廓。

图4-136　填充效果

27 设置颜色参数为（C:15、M:33、Y:15、K:7），得到如图4-138所示的填充效果。

图4-138　填充效果

29 使用该工具将网格编辑为如图4-140所示的形状。

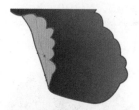

图4-140　编辑网格后的形状

31 设置颜色参数为（C:7、M:30、Y:12、K:0），得到如图4-142所示的填充效果。

图4-142　填充效果

33 选择茎脉对象，按Ctrl+PageDown组合键，将其调整到卷叶对象的下方，如图4-144所示。

图4-143 绘制的叶片中的茎脉

图4-144 调整对象的排列顺序

34 按如图4-145所示为卷起的荷叶绘制茎脉，然后将茎脉对象的颜色填充为（C:20、M:41、Y:96、K:15），并取消其外部轮廓。

35 按如图4-146所示绘制另一种外形的荷叶对象。

图4-145 绘制的卷叶中的茎脉

图4-146 绘制荷花叶片外形

36 将另一种外形的荷叶填充为0%（C:18、M:19、Y:90、K:19）、76%与100%（C:70、M:45、Y:100、K:33）的射线渐变色，并将轮廓色设置为（C:64、M:55、Y:81、K:6），如图4-147所示。

37 在步骤36绘制的荷叶上绘制如图4-148所示的茎脉对象，将其颜色填充为（C:68、M:50、Y:100、K:38），并取消其外部轮廓。

图4-147 对象的填充效果

图4-148 叶片中的茎脉效果

38 绘制如图4-149所示的荷叶外形，将其颜色填充为（C:5、M:12、Y:65、K:0），并将轮廓色设置为"深褐色"。

39 选择步骤38绘制的荷叶对象，切换到交互式网格填充工具，可自动创建如图4-150所示的网格效果。

图4-149 绘制的荷叶外形

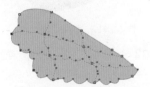

图4-150 创建的网格效果

40 使用该工具将网格编辑为如图4-151所示的形状。

图4-151 编辑后的网格形状

42 设置颜色参数为（C:7、M:18、Y:5、K:5），单击"填充"按钮后，得到如图4-153所示的填充效果。

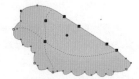

图4-153 填充效果

44 使用贝塞尔工具绘制如图4-155所示的水草对象，将它们的颜色填充为（C:35、M:40、Y:96、K:0），将轮廓色设置为（C:47、M:45、Y:95、K:4）。

图4-155 绘制的水草

46 将前面绘制好的荷花、荷叶对象与水草和茎杆对象按照如图4-157所示的效果组合。

图4-157 组合荷花与荷叶

41 按如图4-152所示单击网格内对应的区域。

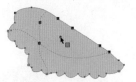

图4-152 选择要填充的区域

43 在步骤42中完成的荷叶上绘制如图4-154所示的茎脉对象，将其颜色填充为（C:18、M:36、Y:85、K:0），并取消其外部轮廓。

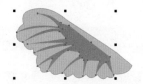

图4-154 绘制的茎脉效果

45 绘制如图4-156所示的荷叶的茎杆对象，将它们的颜色填充为（C:5、M:13、Y:56、K:0），并将轮廓色设置为（C:35、M:40、Y:95、K:1）。

图4-156 绘制的荷叶的茎杆

47 绘制如图4-158所示的水草以及荷叶和荷花的茎杆对象，将它们的颜色填充为（C:14、M:22、Y:67、K:0），并将轮廓色设置为"深褐色"。

图4-158 绘制水草及荷叶的茎杆

48 将前面绘制好的荷叶对象复制到步骤47绘制的水草和茎杆对象中，按如图4-159所示进行组合。

49 调整荷叶对象的大小和角度，然后将绘制好的荷花对象复制到水草和茎杆对象中，调整好大小、角度和排列顺序后如图4-160所示。

图4-159　组合荷叶

图4-160　组合荷花

8.3.3　绘制蜻蜓

01 使用贝塞尔工具绘制如图4-161所示的蜻蜓的头部外形，将其颜色填充为0%（C:12、M:5、Y:87、K:0），并取消其外部轮廓。

02 绘制如图4-162所示的矩形。

图4-161　绘制的蜻蜓头部外形

图4-162　绘制的矩形

03 使用形状工具将矩形调整为圆角矩形，如图4-163所示。

04 将圆角矩形填充为从（C:13、M:91、Y:77、K:0）到（C:42、M:97、Y:99、K:9）的线性渐变色，并取消其外部轮廓，如图4-164所示。

图4-163　编辑圆角矩形

图4-164　填充圆角矩形

05 将步骤04绘制的圆角矩形复制4份，并进行排列组合，然后调整最右边一个矩形的长宽比例，效果如图4-165所示。

06 将组合后的圆角矩形群组，并旋转到如图4-166所示的角度，作为蜻蜓的身体。

图4-165　将圆角矩形进行排列组合

图4-166　调整角度后的效果

07 将绘制好的蜻蜓头部和身体部位进行组合，效果如图4-167所示。

图4-167　将蜻蜓头部与身体部位组合

09 复制一个蜻蜓的眼睛，将两只眼睛放在蜻蜓头部，效果如图4-169所示（这里为了方便观察，在图示中加了底色。在绘制完成后，可将该底色删除）。

图4-169　将蜻蜓的眼睛与头部组合

11 将翅膀填充为"白色"，并取消其外部轮廓，如图4-171所示。

图4-171　翅膀对象填充

13 按如图4-173所示在翅膀上绘制3个对象。

图4-173　在翅膀上绘制的对象

08 使用椭圆形工具绘制如图4-168所示的圆形组合，并为它们填充相应的颜色作为蜻蜓的眼睛。

图4-168　绘制的眼睛

10 绘制如图4-170所示的蜻蜓翅膀对象。

图4-170　绘制的翅膀外形

12 为翅膀对象应用开始透明度为40的标准透明效果，如图4-172所示。

图4-172　翅膀对象的透明效果

14 分别将它们的颜色填充为（C:4、M:47、Y:42、K:0）和（C:0、M:19、Y:19、K:0），并取消其外部轮廓，如图4-174所示。

图4-174　对象填充效果

15 为这两个对象应用透明度操作为乘、开始透明度为0的标准透明效果，以表现翅膀上的纹路，如图4-175所示。

图4-175　对象的透明效果

16 将绘制好的翅膀对象群组并复制一份，再将其水平镜像，然后旋转到一定的角度后移动到蜻蜓身体的另一边，完成蜻蜓的绘制，效果如图4-176所示。

图4-176　蜻蜓效果

8.3.4　绘制画面背景

01 绘制如图4-177所示的矩形，将其颜色填充为（C:59、M:69、Y:100、K:40），并取消其外部轮廓。

图4-177　绘制的矩形

02 导入光盘\源文件和素材\第4章\素材\边框图案.cdr文件，如图4-178所示。

图4-178　导入的边缘图案

03 将该图案对象调整到适当的大小，然后同时选择图案和步骤01绘制的矩形，分别按L键和T键，将它们左对齐和顶端对齐，如图4-179所示。

图4-179　将图案放置在矩形左上角

04 选择图案对象，将光标移动到上方居中的控制点上，按住Ctrl键向下拖动鼠标，如图4-180所示。

图4-180　操作状态

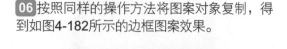

05 按下鼠标右键，释放鼠标左键，将图案对象复制并垂直镜像到对应的一边，如图4-181所示。

图4-181 复制对象

07 在边框图案内绘制如图4-183所示的矩形，将其颜色填充为（C:2、M:20、Y:60、K:0），并取消其外部轮廓。

图4-183 绘制矩形

09 同时选择步骤07和步骤08绘制的两个矩形，单击属性栏中的"修剪"按钮，对大的矩形进行修剪，并保留小的矩形，然后将修剪后的对象调整到小矩形的上方，如图4-185所示。

图4-185 将两个矩形修剪后的效果

11 得到如图4-187所示的粗糙边缘效果。

06 按照同样的操作方法将图案对象复制，得到如图4-182所示的边框图案效果。

图4-182 为矩形边缘制作图案

08 绘制如图4-184所示的矩形，将其颜色填充为（C:0、M:0、Y:20、K:0），并取消其外部轮廓。

图4-184 绘制矩形

10 选择修剪后的矩形对象，切换到粗糙笔刷工具，在修剪后的边缘线上来回拖动鼠标进行涂抹，如图4-186所示。

图4-186 将对象边缘粗糙处理

12 选择小的矩形，适当放大，使下方的颜色不被显露出来，如图4-188所示。

图4-187　对象边缘粗糙处理效果

13 选择修剪后的对象，按+键将其复制，并修改复制对象中的填充色为（C:5、M:20、Y:60、K:50），如图4-189所示。

图4-189　复制修剪对象并修改颜色

15 执行"位图→模糊→高斯式模糊"命令，在弹出的"高斯式模糊"对话框中将"半径"值设置为6.0像素，然后单击"确定"按钮，得到如图4-191所示的模糊效果。

图4-191　对象模糊效果

17 按Alt键选择本小节步骤08中绘制的浅黄色的矩形，并切换到交互式网格填充工具，自动创建的网格效果如图4-193所示。

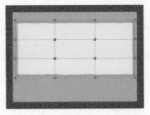

图4-193　为对象创建的网格

图4-188　调整矩形的大小

14 执行"位图→转换为位图"命令，在弹出的"转换为位图"对话框中按如图4-190所示设置选项参数，然后单击"确定"按钮，将选取的对象转换为位图。

图4-190　参数设置

16 按Ctrl+PageDown组合键将模糊后的对象调整到下一层，如图4-192所示。

图4-192　调整对象的排列顺序

18 使用交互式网格填充工具将网格编辑为如图4-194所示的形状。

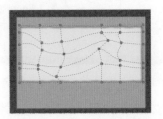

图4-194　编辑网格形状后的效果

19 选择如图4-195所示的网格节点。

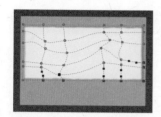

图4-195 选择网格节点

21 框选如图4-197所示的网格节点。

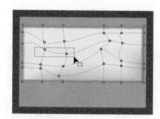

图4-197 选择网格节点

23 按住Shift键选择如图4-199所示的网格节点。

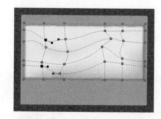

图4-199 选择网格节点

25 选择如图4-201所示的网格节点。

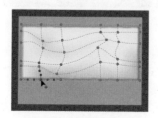

图4-201 选择网格节点

20 将颜色参数设置为（C:0、M:15、Y:60、K:0），执行填充操作后得到如图4-196所示的填充效果。

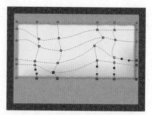

图4-196 填充效果

22 将颜色参数设置为（C:0、M:5、Y:40、K:0），执行填充操作后得到如图4-198所示的填充效果。

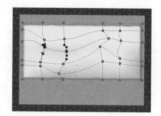

图4-198 填充效果

24 将颜色参数设置为（C:0、M:10、Y:50、K:0），执行填充操作后得到如图4-200所示的填充效果。

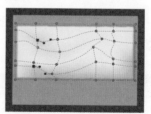

图4-200 填充效果

26 将颜色参数设置为（C:0、M:6、Y:37、K:0），执行填充操作后得到如图4-202所示的填充效果。

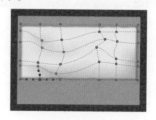

图4-202 填充效果

27 框选如图4-203所示的网格节点。

28 将颜色参数设置为（C:3、M:0、Y:12、K:0），执行填充操作后得到如图4-204所示的填充效果。

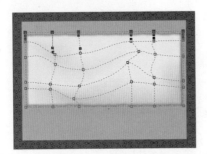

图4-203　选择网格节点

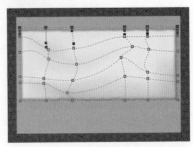

图4-204　填充效果

29 切换到挑选工具，退出网格填充的编辑状态，此时，绘制完成的背景效果如图4-205所示。

30 将绘制好的荷花图案移动到背景画面中，并按如图4-206所示调整它们的大小和位置。

图4-205　网格填充效果

图4-206　组合荷花图案与背景

31 选择右边的荷花图案，然后连续按Ctrl+PageDown组合键，将其调整到如图4-207所示的位置。

32 将背景画面中左边部分的荷花图案群组，然后在该图案上绘制如图4-208所示的矩形。

图4-207　调整对象的排列顺序

图4-208　绘制精确剪裁的矩形

33 将荷花图案精确剪裁到该矩形中，得到如图4-209所示的效果。

34 使用椭圆形工具在荷花图案上绘制圆形，将其填充为"淡黄色"，并取消外部轮廓，再为其应用开始透明度为30的标准透明效果。将该圆形复制到荷花图案上的不同位置，以点缀画面，完成效果如图4-210所示。

图4-209　将左下角的荷花图案精确剪裁

图4-210　在画面中点缀圆形

35 使用贝塞尔工具绘制如图4-211所示的印章对象，将其填充为"红色"，并取消其外部轮廓。

36 使用文本工具输入文字"荷"，设置字体为"方正隶变简体"，并将文字调整到适当的大小，如图4-212所示。

37 将该文字精确剪裁到印章对象中，效果如图4-213所示。

图4-211　绘制印章外形

图4-212　输入文字

图4-213　精确剪裁文字效果

38 输入相应的诗句，将字体设置为"方正黄草简体"，并调整文字到适当的大小，然后将其移动到背景画面的左上角，再将步骤37中绘制好的印章对象放置在文字的左下方，调整到适当的大小后如图4-214所示。

39 至此，一幅水墨荷花画即绘制完成，效果如图4-215所示。

图4-214　输入诗句

图4-215　最终效果

举一反三 │ 唯美花纹

在进一步学习交互式网格填充工具的使用方法，并掌握了绘制一些色彩构成较复杂的图形后，打开光盘\源文件与素材\第4章\源文件\唯美花纹.cdr文件，如图4-216所示，练习绘制唯美花纹效果。

图4-216　唯美花纹效果

绘制菊花轮廓　　　　　　绘制花纹　　　　　组合背景图像与花纹

绘制修饰线条　　　将线条放置在背景上　将艺术笔触效果对象放置在背景中

○ 关键技术要点 ○

01 在绘制菊花时，将使用到贝塞尔工具、"复制"命令、"轮廓笔"对话框和"均匀填充"对话框。

02 在绘制另一个花纹图案时，花纹中的曲线形对象可以通过先绘制曲线轮廓，然后将轮廓转换为对象，再使用形状工具将对象编辑为所需的形状来实现。

03 在绘制修饰线条中的曲线形对象时，同样可以通过先绘制线条轮廓，然后将轮廓转换为对象，再对形状进行编辑的方法来完成。

04 在绘制画面左下角处具有艺术笔触效果的对象时，首先应绘制出同样形状的对象，然后通过"转换为位图"命令将其转换为位图，再通过执行"位图→艺术笔触→印象派"命令为该对象应用印象派效果。

第5章

The 5th Chapter

▶▶▶

插画色彩的高级应用

　　在绘制图形时，为对象填充色彩是最基本和最重要的操作，这将是一幅作品能否达到理想效果的关键。而填充色彩和对色彩进行处理的方式又包括很多种，除了常用的均匀色和渐变色外，还包括前面介绍的交互式网格填充效果。在填充对象时，如果能灵活掌握应用和处理色彩的各种方法和技巧，不仅能提高工作效率，同时能为创作出优秀的作品提供更强有力的帮助。

Work1 要点导读 ● ● ●

　　在进行插画设计时，不管是绘制场景还是进行形象造型设计，任何复杂的画面其实都是通过为各个对象填充不同的颜色叠加而成的。用户除了可以单纯地为对象填充纯色、渐变色或网格色外，还可以利用CorelDRAW中提供的多种处理对象的特殊方法，使图像呈现不一样的效果。

　　在绘制具有透明特性的对象（如婚纱、玻璃杯、薄雾、云朵、衣服上的褶皱等）时，可以使用交互式透明工具 🔲 使对象产生透明效果。常用的透明类型包括标准、线性、射线、圆锥和方角等。

01 选择需要应用透明效果的对象，然后使用交互式透明工具 🔲 在对象上拖动，释放鼠标后即可为对象应用线性透明效果，如图5-1所示。

02 拖动渐变透明控制线两端的控制点，可以调整渐变透明的角度和边界，如图5-2所示。拖动控制线上的滑动条，可以调整渐变透明效果在对象上过渡的位置，如图5-3所示。

图5-2　调整渐变透明的角度和边界

图5-1　为对象应用线性透明效果　　　　图5-3　调整渐变透明效果过渡的位置

03 用户还可以使用不同的颜色来填充渐变节点，系统会根据所填充颜色的不同亮度级别使对象产生不同程度的透明效果。将调色板中的色样拖动到渐变透明控制线上，释放鼠标后即可在此处增加一个颜色节点，如图5-4所示。

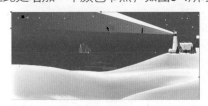

图5-4　添加颜色节点

技巧点睛

　　当使用黑色填充颜色节点时，此处的图像为完全透明。使用白色填充颜色节点时，此处的图像为完全不透明。填充的颜色越接近黑色，此处的图像越透明。

04 要删除添加的颜色节点，使用鼠标右键单击该颜色节点即可。

05 使用同样的方法为另一束灯光应用线性透明效果，如图5-5所示。

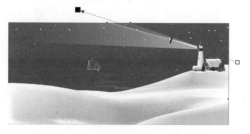

图5-5 应用线性透明效果

07 选择需要创建阴影的对象，使用交互式阴影工具 在选定对象的中心位置按住鼠标左键，然后拖动光标到适当的位置，释放鼠标后，即可创建出与对象相同形状的阴影，如图5-6所示。

图5-6 创建阴影效果

09 单击交互式阴影工具 属性栏中的"阴影颜色"颜色框，在弹出的颜色选取器中可以设置阴影的颜色，如图5-8所示。

图5-8 设置阴影的颜色

06 在交互式透明工具属性栏中的透明度类型下拉列表框中可以选择透明效果的类型。应用射线、圆锥和方角透明类型的操作方法与线性透明效果相似，读者可以为对象逐一应用这些透明类型，并查看对象发生的变化。

技巧点睛

在绘制插画的过程中，要为对象应用投影效果，可以使用交互式阴影工具 来完成。交互式阴影工具可以模拟光从平面、右、左、下和上5个不同的透视点照射在对象上产生的阴影效果。

08 拖动箭头指向的控制点可以调整阴影偏移的角度和距离，如图5-7所示。

图5-7 调整阴影的偏移量

10 在属性栏中的"阴影不透明度"选项中可以设置阴影的不透明度，如图5-9所示。

图5-9 设置阴影不透明度

11 在"阴影羽化"选项中可以设置阴影的羽化程度，如图5-10所示。

12 使用交互式阴影工具 ▣ 在对象的边线上按下鼠标左键并拖动鼠标，可创建具有透视效果的阴影，如图5-11所示。

图5-10　设置阴影羽化程度

图5-11　创建透视效果的阴影

除此之外，用户还可以使用交互式调和工具 ▨ 在对象之间创建调和效果，从而使两个或多个对象产生形状和颜色上的混合，如图5-12所示。

使用交互式轮廓图工具 ▣ 为对象勾画轮廓线，并通过设置轮廓线的数量和距离，创建一系列渐进到对象内部或外部的轮廓效果，如图5-13所示。

图5-12　对象之间的调和效果

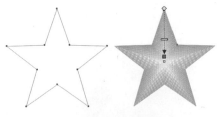

图5-13　对象的轮廓图效果

使用交互式变形工具 ▨ 为对象创建推拉变形、拉链变形和扭曲变形的效果，如图5-14所示。

使用交互式立体化工具 ▨ 为对象创建立体模型，使对象具有三维效果，如图5-15所示。

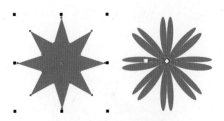

图5-14　对象的变形效果

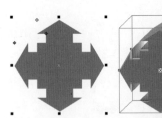

图5-15　对象的立体化效果

Work2　案例解析

　　学习了图形色彩高级应用相关知识后，下面通过实例来掌握其具体技术要点，希望大家通过实例练习能够将色彩运用自如。

CorelDRAW X4

Example

9

绘制时尚婚纱女郎

下面将通过绘制一个时尚的婚纱女郎造型，使读者掌握绘制这类半透明对象的方法和技巧，同时增强读者刻画不同类型插画的能力。

...绘制大致外形

...绘制头发线条

...绘制婚纱头巾

...绘制婚纱裙摆

...绘制项链饰品

9.1　效果展示

原始文件：Chapter 5\Example 9\绘制时尚婚纱女郎.cdr
最终效果：Chapter 5\Example 9\绘制时尚婚纱女郎.jpg
学习指数：★★★★

白色始终是婚纱中的主流色。在本实例中，多层裙摆婚纱造型和精心刻画的半透明头纱是插画中的亮点，白色的婚纱搭配上画面中的精美饰品，与黑色的人物肤色之间形成强烈对比，更加突出了婚纱的时尚和纯洁之美。

9.2 技术点睛

本实例中需要仔细刻画的主体对象是女孩身上的婚纱，而在绘制婚纱时，怎样将婚纱头巾中的半透明效果逼真地刻画出来是需要着重注意的一个方面。除此之外，在绘制本实例时，读者还应该注意以下一些操作环节。

（1）使用贝塞尔工具绘制出女孩和婚纱的大致外形。在确定大致形状后，才便于在这些基本形状的基础上进行深入的刻画。

（2）在绘制女孩头发上用于表现头发层次和裙摆上用于表现褶皱的线条时，首先需要使用贝塞尔工具绘制出所需形状的线条，然后通过执行"排列→将轮廓转换为对象"命令将绘制的线条轮廓转换为可随意编辑形状的对象，再使用形状工具将它们编辑为所需的形状即可。

（3）婚纱中的多层裙摆效果是通过绘制多个花边对象，然后将它们组合而成的，其中还对部分花边对象应用了标准透明效果。

（4）在绘制婚纱头巾时，首先绘制不同形状的头纱对象，然后为各个头纱对象应用标准透明效果，这样透明对象在相互重叠处就会产生不同的透明程度，从而形成自然的透明效果。加上在头纱边缘绘制的白色线条轮廓，使头纱效果更为逼真。

9.3 步骤详解

绘制本实例可以分为3个部分来完成。首先是绘制婚纱和女孩造型，然后绘制女孩手上的项链，最后为主体对象添加背景。下面一起来完成本实例的制作。

9.3.1 绘制婚纱女孩

01 使用贝塞尔工具绘制如图5-16所示的两个头发对象，为它们填充0%（C:52、M:43、Y:95、K:34）、45%（C:20、M:23、Y:38、K:5）、100%（C:52、M:43、Y:95、K:34）的线性渐变色。

02 取消两个头发对象的外部轮廓，如图5-17所示。

图5-16 绘制的头发

图5-17 对象的填色效果

03 使用贝塞尔工具绘制如图5-18所示的3个婚纱对象，将它们的颜色填充为（C:1、M:1、Y:4、K:0）。

04 绘制女孩的脸部和露在衣服外面的身体外形，将其填充为"黑色"，然后将其与绘制的头发和婚纱对象组合，如图5-19所示。

图5-18　绘制的婚纱对象

图5-19　头发、裙子和身体对象的组合效果

05 在婚纱对象下方绘制如图5-20所示的裙摆对象，将位于上方的对象的颜色填充为（C:0、M:0、Y:2、K:0），下方的对象的颜色填充为（C:6、M:4、Y:4、K:0），并取消它们的外部轮廓。

06 绘制女孩的双腿和鞋子外形，将它们填充为"黑色"，如图5-21所示。选择腿部对象，按Ctrl+PageDown组合键，将它们调整到中间一层裙摆对象的下方，如图5-22所示。

图5-20　绘制的裙摆对象

图5-21　绘制双腿和鞋子　　图5-22　调整顺序

07 使用贝塞尔工具绘制如图5-23所示的多个曲线对象，将曲线轮廓色和对象填充色都设置为（C:53、M:87、Y:98、K:11），以表现头发的层次。

08 将绘制好的曲线对象移动到女孩头发上，调整其大小后如图5-24所示。

图5-23　绘制的曲线对象

图5-24　头发的层次效果

09 绘制如图5-25所示的衣服花边造型，分别将它们的颜色填充为（C:20、M:16、Y:16、K:0）和（C:7、M:5、Y:5、K:0），并取消其外部轮廓。

图5-25　绘制的衣服花边

10 将绘制好的衣服花边对象移动到婚纱中如图5-26所示的位置，并调整其大小后按照相应的顺序排列（为了方便展示绘图效果，这里在绘制的图形下方添加了一个青色的底色）。

图5-26　婚纱中的花边效果

11 选择前面绘制的婚纱对象，取消它们的外部轮廓，效果如图5-27所示。

图5-27　取消婚纱对象轮廓的效果

12 在婚纱的第1层裙摆上绘制如图5-28所示的线条，将它们的颜色填充为（C:20、M:22、Y:39、K:0），以表现裙摆上的褶皱。

图5-28　绘制裙摆上的褶皱

技巧点睛

　　在绘制裙摆褶皱这类较细长并有一定粗细变化的线条时，可以先使用贝塞尔工具绘制相应形状的曲线，然后执行"排列→将轮廓转换为对象"命令，将绘制的曲线转换为对象，再使用形状工具将曲线编辑为所需的形状即可。

13 使用贝塞尔工具绘制如图5-29所示的裙摆花边，将其颜色填充为（C:5、M:4、Y:4、K:0），并取消其外部轮廓。

图5-29　绘制的花边

14 将步骤13绘制的裙摆花边对象复制，并使用形状工具调整花边边缘的形状，然后将该对象填充为"白色"，如图5-30所示。

图5-30　复制并调整边缘形状

15 使用交互式透明工具为该对象应用开始透明度为39的标准透明效果，如图5-31所示。

16 复制步骤13绘制的裙摆花边对象，将其颜色填充为（C:7、M:5、Y:5、K:0），并调整到透明花边对象的上一层，然后修改其边缘形状，如图5-32所示。

图5-31　对象的透明效果

图5-32　绘制第1层裙摆的花边

17 将绘制好的花边对象群组，然后移动到婚纱对象上，调整到适当的大小后，放置在第1层裙摆对象的下方，如图5-33所示。

18 绘制如图5-34所示的最下层裙摆中的花边对象，将其颜色填充为（C:1、M:1、Y:4、K:0），并取消其外部轮廓。

图5-33　与婚纱对象组合后的效果

图5-34　绘制的最下层裙摆的花边

19 将其放置在婚纱的最下层裙摆上，并调整到适当的大小，如图5-35所示。

20 按Ctrl+PageDown组合键，将最下层裙摆调整到腿部对象的下方，如图5-36所示。

图5-35　花边对象在婚纱上的位置

图5-36　调整排列顺序

21 绘制如图5-37所示的花边对象，将其颜色填充为（C:1、M:1、Y:4、K:0），并取消其外部轮廓。

22 将步骤21绘制的花边对象移动到婚纱最下层的裙摆对象上，并按如图5-38所示调整其上下排列顺序。

图5-38　花边对象在裙摆边缘的效果

图5-37　绘制花边

23 绘制如图5-39所示的3个不规则外形对象，分别为它们填充相应的颜色。

　① （C:1、M:1、Y:4、K:0）

　② （C:6、M:4、Y:4、K:0）

图5-39　绘制的花边

24 将3个不规则外形对象放置在最下层裙摆的边缘，如图5-40所示。

图5-40 花边对象在裙摆边缘的效果

26 将中间一层裙摆对象复制一份到空白区域，然后使用形状工具将花边编辑为如图5-42所示的形状。

图5-42 修改花边形状和填充色

28 继续复制一份裙摆对象，调整其花边形状，并将其填充色修改为（C:8、M:6、Y:6、K:0），如图5-44所示。

图5-44 调整形状并修改填充色

30 将组合后的花边对象移动到婚纱上，按如图5-46所示调整其大小和位置。

图5-46 调整花边的大小和位置

32 按+键复制第2层裙摆中最下方的花边对象，按Ctrl+PageDown组合键，将其调整到下一层，并修改其填充色为（C:17、M:13、Y:13、K:0），如图5-48所示。

33 执行"位图→转换为位图"命令，在弹出的对话框中设置适当的分辨率，并选中"透明背景"复选框，然后单击"确定"按钮，将选取的对象转换为位图。

25 取消不规则外形的外部轮廓后如图5-41所示。

图5-41 取消轮廓后的效果

27 修改该对象的填充色为（C:4、M:3、Y:3、K:0），再为其应用开始透明度为23的标准透明效果，如图5-43所示。

图5-43 对象的透明效果

29 将步骤28复制的对象与步骤27绘制的透明对象按如图5-45所示进行组合。

图5-45 与透明对象的组合效果

31 执行"排列→顺序→置于此对象后"命令，当出现箭头光标后，单击婚纱中的第2层裙摆对象，将花边对象调整到裙摆对象的下方，如图5-47所示。

图5-47 调整对象的排列顺序

图5-48 复制并修改填充色

34 执行"位图→模糊→高斯式模糊"命令，在弹出的"高斯式模糊"对话框中设置适当的半径值，单击"确定"按钮，对转换为位图的对象进行模糊处理，以表现第1层裙摆处的投影，如图5-49所示。

图5-49 对象的模糊效果

36 将投影对象转换为位图，并进行适当的模糊处理，效果如图5-51所示。

图5-51 对象的模糊效果

38 在女孩头部绘制如图5-53所示的发卡对象，将其填充为"白色"，并取消其外部轮廓。

图5-53 绘制的发卡对象

40 绘制如图5-55所示的头纱和头纱边缘对象，将它们填充为"白色"，并为头纱对象应用开始透明度为66的标准透明效果。

图5-55 绘制的头纱和头纱边缘对象

35 在第2层裙摆对象上绘制如图5-50所示的投影对象，将其颜色填充为（C:20、M:15、Y:15、K:0），并取消其外部轮廓。

图5-50 绘制的裙摆上的投影对象

37 将模糊处理后的投影对象调整为按如图5-52所示的顺序排列。

图5-52 调整后的排列顺序

39 绘制如图5-54所示的头纱和头纱边缘对象，将它们填充为"白色"，并为头纱对象应用开始透明度为66的标准透明效果。

图5-54 绘制的头纱和头纱边缘对象

41 绘制如图5-56所示的头纱对象，将其填充为"白色"，并取消其外部轮廓。

图5-56 绘制的头纱

42 为头纱应用开始透明度为66的标准透明效果，如图5-57所示。

图5-57　头纱透明效果

43 在头纱上绘制如图5-58所示的边线。

图5-58　绘制头纱上的边线

44 调整女孩左手与头纱对象的上下排列顺序，效果如图5-59所示。

图5-59　调整左手与头纱对象的排列顺序

45 按照绘制女孩头部左侧头纱效果的方法，绘制女孩头部右侧的头纱效果，如图5-60所示。

图5-60　绘制的右侧头纱

46 在裙摆底部绘制如图5-61所示的两个花边对象，将它们填充为"白色"，并取消其外部轮廓。

图5-61　绘制的花边对象

47 为花边应用开始透明度为23的标准透明效果，如图5-62所示。

图5-62　花边对象的透明效果

48 将绘制好的花边对象调整为按如图5-63所示的顺序排列。

图5-63　调整对象排列顺序后的效果

49 使用椭圆形工具绘制女孩的耳环和项链，效果如图5-64所示。

图5-64　绘制的耳环和项链

50 选择星形工具,将多边形的边数设置为4,并设置适当的边角锐度,绘制如图5-65所示的两个星形,并为大的星形应用开始透明度为70、小的星形应用开始透明度为37的标准透明效果。

51 按住Shift键,使用椭圆形工具绘制如图5-66所示的圆形,将轮廓色设置为"白色",并为圆形轮廓设置适当的宽度。选择圆形,将其转换为位图,再对其进行模糊处理,以表现饰品的发光效果,如图5-67所示。

图5-65 绘制的星形组合

图5-66 绘制圆形轮廓

图5-67 模糊效果

52 将步骤51完成的发光对象复制两份,并按如图5-68所示放置在耳环和项链上。

53 绘制好的婚纱女孩造型如图5-69所示。

图5-68 首饰上的发光效果

图5-69 绘制好的女孩造型

9.3.2 绘制手上的项链

01 使用椭圆形工具绘制一个椭圆形,将其复制并按住Shift键将复制的对象按中心缩小到一定的大小,然后分别将椭圆形的颜色填充为"白色"和(C:14、M:1、Y:9、K:0),如图5-70所示。将绘制好的两个椭圆形群组。

02 使用椭圆形工具绘制如图5-71所示的圆形和椭圆形组合,并为它们填充相应的颜色,然后将它们群组。

03 将步骤01和步骤02绘制好的两组对象按照如图5-72所示的效果进行组合。

图5-70 绘制的两个椭圆形

图5-71 绘制的图形

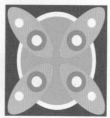

图5-72 吊坠图案效果

04 使用贝塞尔工具和椭圆形工具绘制如图5-73所示的图案，并将该图案中的所有对象群组，然后按如图5-74所示排列在步骤03绘制的图案周围。

图5-73　绘制图案　　图5-74　排列图案

05 选择排列后位于下方的图案对象，按Ctrl+U组合键解散群组，然后将该图案编辑为如图5-75所示的形状。

图5-75　编辑后的图案效果

06 绘制如图5-76所示的对象，将其颜色填充为（C:32、M:25、Y:25、K:0），并取消其外部轮廓。复制该对象，调整其大小并修改其填充色为（C:12、M:9、Y:9、K:0），如图5-77所示。

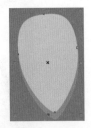

图5-76　绘制对象　　图5-77　复制并调整对象

07 在步骤06绘制的对象下方绘制如图5-78所示的两个椭圆形，将大的椭圆形的颜色填充为（C:8、M:6、Y:6、K:0），小的椭圆形的颜色填充为"白色"，然后与前面绘制好的项链吊坠图案按照如图5-79所示的效果组合。

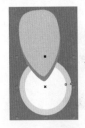

图5-78　绘制图形　　图5-79　吊坠图案

08 使用椭圆形工具绘制如图5-80所示的项链效果，然后将绘制好的吊坠对象放置在项链的底端，组合后的效果如图5-81所示。

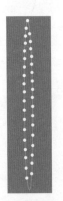

图5-80　绘制的项链　图5-81　组合项链与吊坠

09 将吊坠对象复制一份，并按如图5-82所示调整复制对象的大小和位置。同时，选择项链和吊坠对象，将它们群组，然后旋转到如图5-83所示的角度。

图5-82　复制吊坠并调整　图5-83　旋转项链

10 按照前面绘制婚纱女孩耳环发光的方法绘制该项链的发光效果，如图5-84所示。

图5-84　绘制发光效果

11 将绘制好的项链和发光对象群组，然后移动到女孩右手指上的适当位置，并调整到适当的大小，如图5-85所示。

图5-85　女孩手上拿着的项链效果

9.3.3　添加画面中的背景

01 绘制如图5-86所示的矩形，将其颜色填充为（C:33、M:36、Y:29、K:0），并取消其外部轮廓。

图5-86　绘制的矩形

02 复制步骤01绘制矩形，向下适当缩小矩形的高度，然后修改其填充色为（C:53、M:60、Y:48、K:3），如图5-87所示。

图5-87　调整高度和修改填充色后的效果

03 导入光盘\源文件与素材\第5章\素材\背景图案.cdr文件，图案的颜色填充为（C:62、M:73、Y:59、K:7），并为其应用开始透明度为60的标准透明效果，然后移动到矩形的左上角，调整其大小后如图5-88所示。

图5-88　矩形左上角的图案

04 保持该图案的选择，然后按住Ctrl键将该图案水平复制到如图5-89所示的位置。

图5-89　复制的图案

05 按Ctrl+D组合键，按相同的偏移量对该图案进行再制，效果如图5-90所示。

06 选择复制的所有图案，然后按住Ctrl键将它们垂直复制。再按Ctrl+D组合键按相同的偏移量再制图案，效果如图5-91所示。

图5-90　再制的图案

图5-91　垂直方向上复制图案

07 选择下方的矩形对象，将其调整到图案的上方，如图5-92所示。

08 将前面导入的建筑图案放置在背景矩形的右下角，并按如图5-93所示调整其大小。

图5-92　调整图案

图5-93　添加建筑图案

09 将绘制好的婚纱女孩对象移动到背景上，按Shift+PageUp组合键将其调整到最上层，效果如图5-94所示。

10 绘制一个与背景矩形相同大小的矩形，然后将绘制好的所有对象群组，并精确剪裁到该矩形中，以隐藏多出背景矩形的画面内容，效果如图5-95所示。

图5-94　将婚纱女孩放置在背景上的效果

图5-95　画面的最终完成效果

举一反三 │ 音乐男孩

打开光盘\源文件与素材\第5章\源文件\音乐男孩.cdr文件，如图5-96所示，然后结合所学的绘图和填色知识练习绘制该文件中的插画效果。

图5-96 音乐男孩插画效果

绘制头发　　　绘制男孩的基本外形　　刻画面部细节　　刻画身体细节

绘制耳麦　　绘制唱片机组合图形　　组合图形　　添加文字内容

● 关键技术要点 ●

01 绘制男孩的头发和基本外形使用贝塞尔工具即可。在刻画男孩的面部细节时，将使用到贝塞尔工具和椭圆形工具。在绘制男孩的嘴唇时，首先绘制嘴唇的基本轮廓，然后使用"将轮廓转换为对象"命令将嘴唇轮廓转换为对象，再为该对象添加外部轮廓即可。

02 在绘制男孩裤子上的线缝时，应绘制曲线，再通过"轮廓笔"对话框为该曲线对象设置相应的虚线样式即可。

03 在绘制唱片机上的光盘时，可以使用椭圆形工具绘制椭圆，并将椭圆旋转一定的角度，再为它们设置相应的轮廓宽度即可。

04 在为插画添加文字时，MUSIC使用的是Blackoak Std字体，SINGIN & DANCIN使用的是Arial Black字体。

● ● ● ●

Example
10 绘制年画

下面将通过绘制一幅"鸡"年的年画，使读者掌握绘制这类立体感较强且所刻画的对象具有自然层次的插画的方法和技巧。

...绘制大致外形

...绘制女孩头部

...绘制公鸡头部

...绘制公鸡翅膀

...绘制鞋子

10.1 效果展示

原始文件：Chapter 5\Example 10\绘制年画.cdr
最终效果：Chapter 5\Example 10\绘制年画.jpg
学习指数：★★★★

在本实例绘制的年画中，各个主体对象中的明暗层次过渡自然、层次分明，因此有着较强的立体感，这点在对女孩和公鸡头部的刻画中最为突出。年画以中国传统的喜庆色彩红色和黄色为主，加上灯笼和鱼图像的衬托，更增强了节日的喜庆气氛。

10.2 技术点睛

使用CorelDRAW进行绘图时，仅使用矢量绘图功能很难实现对象之间的自然过渡效果。因此，要绘制出本实例对象中自然过渡的明暗层次效果，还需要使用到位图功能。位图功能在学习前面的内容时已经应用过，这里再次系统学习是为了让读者能更多地掌握其方法和技巧。

在绘制本实例时，读者应注意以下几个操作环节。

（1）使用贝塞尔工具绘制出小女孩的大致外形，并为各个对象填充相应的颜色，作为刻画对象细节时的底色。

（2）在绘制主体对象中自然过渡的明暗层次效果时，首先需要绘制出对象上大致的阴影外形，然后通过执行"位图→转换为位图"命令将阴影对象转换为位图，再通过执行"位图→模糊→高斯式模糊"命令对位图进行模糊处理，以得到阴影与下层对象之间自然过渡的色彩效果。

（3）在绘制阴影效果时，如果模糊后的对象超出了基本形状之外，需要使用形状工具按照编辑曲线形状的方法将多余的阴影效果裁剪掉。

（4）在绘制女孩头发上的蝴蝶结对象时，主要通过为蝴蝶结对象填充圆锥渐变色来完成。女孩衣服上的明暗色调颜色是通过使用交互式网格填充工具来完成填色操作的。

10.3 步骤详解

绘制本实例的过程分为3个部分。首先需要绘制出女孩的大致外形，然后在基本外形的基础上对女孩进行细节的刻画，最后为主体对象添加背景和背景中的装饰元素。下面一起来完成本实例的制作。

10.3.1 绘制年画中小女孩的大致外形

01 绘制如图5-97所示的脸部外形，颜色填充为（C:3、M:18、Y:17、K:0），并取消其外部轮廓。

02 绘制如图5-98所示的3个头发对象，将其颜色填充为（C:81、M:68、Y:64、K:32）。

图5-97 绘制的脸部外形

图5-98 绘制的头发对象

03 取消3个头发对象的外部轮廓，如图5-99所示。

04 在脸部两边绘制如图5-100所示的耳朵对象，为其填充与脸部对象相同的颜色。

05 使用贝塞尔工具绘制如图5-101所示的眉毛对象，将其填充为"黑色"。

图5-99　头发效果

图5-100　绘制的耳朵对象

图5-101　绘制的眉毛

06 绘制如图5-102所示的类似椭圆的对象，为其填充从（C:40、M:0、Y:0、K:0）到"白色"的射线渐变色。绘制如图5-103所示的"黑色"和"白色"圆形对象，完成眼珠的刻画。

07 在眼珠对象上绘制如图5-104所示的睫毛对象，将其填充为"黑色"，并取消其外部轮廓。将绘制好的眼睛对象群组，并复制一份，然后放置在脸上适当的位置，效果如图5-105所示。

图5-102　绘制的眼睛　　图5-103　绘制的眼珠

图5-104　绘制的睫毛　图5-105　女孩的眼睛效果

08 绘制如图5-106所示的两个对象，分别将它们填充为（C:30、M:100、Y:100、K:0）和"红色"，并取消其外部轮廓。绘制如图5-107所示的对象，为其填充从"白色"到（C:20、M:0、Y:0、K:0）的线性渐变色。

09 将步骤08绘制好的对象群组，然后移动到女孩脸上的适当位置，并调整到适当的大小，以表现女孩高兴时嘴部的效果，如图5-108所示。

图5-106　绘制的嘴部　　图5-107　绘制的对象

图5-108　女孩的嘴部效果

10 在女孩头部下方绘制颈部和衣领对象，将颈部对象填充与脸部外形相同的颜色，并将衣领对象填充为"红色"，如图5-109所示。选择颈部和衣领对象，将它们调整到头发和头部对象的下方，如图5-110所示。

图5-109　绘制的颈部和衣领　图5-110　对象排列效果

11 绘制女孩的衣服对象，将肚兜对象填充为"黄色"，衣袖对象填充为"红色"，并将代表袖口处的对象填充为"白色"，如图5-111所示。

12 绘制如图5-112所示的手部外形，将其填充与脸部对象相同的颜色，并取消其外部轮廓。

13 在衣服的肚兜处绘制如图5-113所示的三角形对象，将其颜色填充为（C:81、M:68、Y:64、K:32），并调整到衣袖对象的下方，如图5-114所示。

图5-111 绘制的衣服   图5-112 绘制手部外形   图5-113 绘制的三角形对象   图5-114 调整对象顺序

14 绘制如图5-115所示的两个对象，将左上角的对象填充为"黄色"，另一个对象填充为"▌红色"，以表现大公鸡的头部和身体外形。

15 在身体外形的底部绘制如图5-116所示的布帘子外形，将其颜色填充为（C:0、M:80、Y:0、K:0），并取消其外部轮廓。

16 在身体对象与布帘子对象之间绘制如图5-117所示的对象，将其填充为0%和100%（C:38、M:41、Y:97、K:0）、37%与67%（黄色）的线性渐变色，并取消其外部轮廓，以表现此边缘反光的效果。

图5-115 绘制的公鸡头部和身体   图5-116 绘制的布帘子   图5-117 绘制反光效果的边缘对象

17 绘制如图5-118所示的椭圆形，为其填充0%（C:40、M:0、Y:0、K:0）、58%（C:5、M:0、Y:0、K:0）、100%（白色）的线性渐变色，并取消其外部轮廓，以表现公鸡的眼睛外形。

18 绘制如图5-119所示的椭圆形，为其填充从（C:80、M:53、Y:100、K:15）到（C:68、M:20、Y:100、K:3）的线性渐变色，并取消其外部轮廓。

19 在步骤18绘制的椭圆形上绘制如图5-120所示的"黑色"椭圆和"白色"圆形对象，表现眼睛中的瞳孔效果。

20 在眼睛对象上方绘制如图5-121所示的两个"黑色"对象，以表现眼睛的睫毛和眉毛效果。

图5-118 绘制的椭圆形   图5-119 绘制的椭圆形   图5-120 绘制的瞳孔   图5-121 绘制好的眼睛

21 将绘制好的眼睛对象群组，然后移动到公鸡头部的适当位置，并调整到适当的大小，作为公鸡的右眼，如图5-122所示。将眼睛对象复制一份到空白区域，然后按如图5-123所示调整各个对象的外形，并修改最外一层椭圆的填充色。

22 将修改好的眼睛对象移动到公鸡右眼的左边，并调整到适当的大小，作为公鸡的左眼，如图5-124所示。

图5-122 公鸡右眼　　图5-123 修改后的左眼

图5-124 公鸡两只眼睛的效果

23 绘制如图5-125所示的3个对象，按从内向外的顺序将对象分别填充为"红色"、（C:30、M:100、Y:100、K:0）和"▌红色"，以表现公鸡的嘴巴外形。绘制如图5-126所示的下巴外形，将其填充为"红色"，并取消其外部轮廓。

24 将绘制好的嘴和下巴对象移动到公鸡的头部，并按如图5-127所示调整其大小。

图5-125 绘制的嘴巴　　图5-126 绘制的下巴

图5-127 公鸡头上的嘴和下巴效果

25 在公鸡头部的适当位置绘制如图5-128所示的一个椭圆形，将其填充为"红色"，并取消其外部轮廓。

26 此时，绘制的整个图形效果如图5-129所示。

图5-128 绘制的椭圆形

图5-129 图形效果

27 绘制如图5-130所示的裤脚外形，为其填充0%（C:31、M: 0、Y:0、K:0）、38%和60%（C:2、M:0、Y:0、K:0）、100%（C:10、M:0、Y:0、K:0）的线性渐变色。

28 在裤脚底部绘制如图5-131所示的对象，为其填充（C:31、M:0、Y:0、K:0）到（C:20、M:0、Y:0、K:0）的线性渐变色，并取消其外部轮廓，以表现裤子内层的效果。

图5-130 绘制的裤脚

图5-131 绘制的裤脚内部

29 在裤脚对象的下方绘制如图5-132所示的鞋子和左脚对象，将鞋面对象填充为0%（C:16、M:100、Y:100、K:0）、26%和75%（红色）、100%（C:23、M:100、Y:100、K:0）的线性渐变色，鞋底对象填充为0%（C:10、M:0、Y:0、K:0）、22%（白色）、47%（C:8、M:0、Y:0、K:1）、100%（C:12、M:0、Y:0、K:5）的线性渐变色，左脚对象的颜色填充为（C:4、M:23、Y:23、K:0）。

30 将步骤29中绘制好的所有对象群组，然后移动到如图5-133所示的位置，并调整到适当的大小。

图5-132 绘制鞋子和左脚

图5-133 女孩的左脚效果

31 绘制如图5-134所示的右脚和鞋子对象，然后分别将左脚和鞋面对象上的填充色复制到刚绘制的右脚与鞋面对象上，再为刚绘制的鞋底对象填充从（C:28、M:0、Y:0、K:5）到（C:6、M:0、Y:0、K:4）的线性渐变色，如图5-135所示。

32 选择图形中所有带轮廓的对象，然后取消它们的外部轮廓，效果如图5-136所示。

图5-134 绘制右脚和鞋子 图5-135 女孩右脚效果

图5-136 绘制完成的女孩基本外形

10.3.2　对小女孩进行细节刻画

01 在头发上绘制如图5-137所示的阴影对象，将它们的颜色填充为（C:82、M:68、Y:70、K:58），并取消其外部轮廓。

02 分别选择各个对象，执行"位图→转换为位图"命令，将它们转换为位图，然后执行"位图→模糊→高斯式模糊"命令，在弹出的对话框中设置适当的"半径"值后，将对象模糊处理，以表现女孩头发上的明暗层次，效果如图5-138所示。

图5-137　阴影对象　　图5-138　头发明暗层次

03 选择女孩左耳处的头发对象，将其复制，并修改填充色为（C:85、M:72、Y:73、K:87），如图5-139所示。

04 为复制的头发应用如图5-140所示的线性透明效果。

图5-139　复制并修改颜色后的头发对象

图5-140　头发对象的透明效果

05 在左耳下方的头发上绘制如图5-141所示的对象，将其颜色填充为（C:84、M:72、Y:72、K:82），然后为其应用如图5-142所示的线性透明效果，以表现此处头发上的阴影。

06 在女孩脸上绘制如图5-143所示的阴影对象，将其颜色填充为（C:4、M:44、Y:60、K:0），并取消其外部轮廓。

图5-141　绘制的对象 图5-142　对象的透明效果

图5-143　绘制的阴影对象

07 选择阴影对象，连续按Ctrl+PageDown组合键，将其调整为按如图5-144所示的顺序排列。

08 结合使用"转换为位图"和"高斯式模糊"命令对阴影对象进行如图5-145所示的模糊处理。

图5-144　调整对象的排列顺序

图5-145　对象的模糊效果

09 选择形状工具，按照编辑曲线的方法，将多出脸部的阴影区域裁剪掉，效果如图5-146所示。

图5-146 对阴影对象进行裁剪

10 绘制如图5-147所示的3个对象，按从下往上的排列顺序分别将对象填充为（C:4、M:44、Y:60、K:0）、（C:4、M:12、Y:12、K:0）和"白色"。

图5-147 绘制的对象

11 将步骤10绘制好的对象移动到女孩脸上的适当位置，并调整到适当的大小，如图5-148所示。

图5-148 对象的位置和大小

12 结合使用"转换为位图"和"高斯式模糊"命令对步骤11调整好位置的对象进行模糊效果，以表现女孩的鼻子效果，如图5-149所示。

图5-149 女孩的鼻子效果

13 在女孩的右眼上绘制如图5-150所示的椭圆形，颜色填充为（C:4、M:44、Y:60、K:0）。

图5-150 绘制的椭圆形

14 取消椭圆形的外部轮廓，然后将其调整到眼睛对象的下方，如图5-151所示。

图5-151 对象的填色效果和排列顺序

15 结合使用"转换为位图"和"高斯式模糊"命令，对椭圆形进行模糊处理，以表现女孩的右眼处的阴影效果，如图5-152所示。

图5-152 对象的模糊效果

16 分别选择女孩的左耳和右耳对象，为其填充从（C:4、M:45、Y:56、K:0）到（C:3、M:15、Y:15、K:0）的线性渐变色，如图5-153所示。

图5-153 耳朵的填色

17 分别在耳朵对象上绘制如图5-154所示的两个对象，然后将步骤16中为耳朵对象填充的线性渐变色分别复制在这两个对象上。

图5-154　绘制的两个耳朵对象

19 继续在耳朵对象上绘制如图5-156所示的两个对象，为其填充从（C:4、M:45、Y:56、K:0）到（C:3、M:16、Y:17、K:0）的线性渐变色。

图5-156　绘制的耳朵对象

21 在女孩的脸蛋上绘制如图5-158所示的圆形，将其颜色填充为（C:0、M:30、Y:5、K:0），并取消其外部轮廓。

图5-158　绘制的圆形

23 将制作的红晕对象复制一个放到左脸上的适当位置，如图5-160所示。

图5-160　左脸上的红晕效果

18 按如图5-155所示调整渐变的边界和角度。

图5-155　调整渐变的边界和角度

20 取消耳朵的外部轮廓，如图5-157所示。

图5-157　对象的填色效果

22 结合使用"转换为位图"和"高斯式模糊"命令制作女孩脸上的红晕效果，如图5-159所示。

图5-159　女孩脸上的红晕效果

24 绘制如图5-161所示的头发阴影对象，将其颜色填充为（C:4、M:44、Y:60、K:0），并取消其外部轮廓。

图5-161　绘制的头发阴影对象

25 为头发阴影对象应用开始透明度为50的标准透明效果，如图5-162所示。

26 将头发阴影对象调整到头发对象的下方，如图5-163所示。

图5-162　头发阴影对象的透明效果

图5-163　对象的排列顺序

27 选择女孩的颈部对象，将其颜色填充为（C:4、M:44、Y:60、K:0），如图5-164所示。

28 选择右边的衣领对象，然后使用交互式网格填充工具为其创建如图5-165所示的网格。使用交互式网格填充工具选择如图5-166所示的网格节点，然后将它们的颜色填充为（C:0、M:100、Y:100、K:18）。

图5-164　颈部对象的填充效果

图5-165　创建网格　图5-166　网格填充效果

29 选择左边的衣领对象，使用交互式网格填充工具为其创建如图5-167所示的网格。选择如图5-168所示的网格节点，将它们的颜色填充为（C:0、M:100、Y:100、K:18）。

30 此时的衣领效果如图5-169所示。选择肚兜对象，为其创建如图5-170所示的网格。

图5-167　创建网格　图5-168　网格填充效果

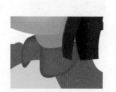 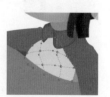

图5-169　绘制的衣领效果　图5-170　创建网格

31 选择如图5-171所示的网格节点，颜色填充为（C:0、M:25、Y:100、K:0），如图5-172所示。

32 选择左边的衣袖对象，为其创建如图5-173所示的网格。选择如图5-174所示的网格节点，将它们的颜色填充为（C:25、M:100、Y:100、K:0）。

图5-171　选择的网格节点　图5-172　对象填充效果

图5-173　创建的网格　图5-174　网格填充效果

33 选择右边的衣袖对象，为其创建如图5-175所示的网格。

34 选择如图5-176所示的网格节点，将它们的颜色填充为（C:0、M:100、Y:100、K:12）。

35 选择如图5-177所示的网格节点，将它们的颜色填充为（C:0、M:84、Y:100、K:0）。

图5-175　创建网格　　　图5-176　填充选定的网格　　图5-177　填充选定的网格

36 在女孩右边肩膀处的衣服对象上绘制如图5-178所示的两个对象，将上方的对象的颜色填充为"▌红色"，下方的对象的颜色填充为（C:0、M:100、Y:100、K:20），并取消它们的外部轮廓。

37 结合使用"转换为位图"和"高斯式模糊"命令，将步骤28中绘制的对象模糊处理，效果如图5-179所示，以表现此处衣服的褶皱。

38 选择衣服袖口处的对象，为其填充0%（C:31、M:0、Y:0、K:0）、38%和60%（C:2、M:0、Y:0、K:0）和100%（C:10、M:0、Y:0、K:0）的线性渐变色，如图5-180所示。

39 在袖口下方绘制如图5-181所示的对象，为其填充从（C:31、M:0、Y:0、K:0）到（C:20、M:0、Y:0、K:0）的线性渐变色，并取消其外部轮廓，以表现衣服内层的效果。

图5-178　绘制的对象　　图5-179　褶皱效果　　　　图5-180　衣服袖口填色效果 图5-181　绘制的衣服内层

40 在袖口上绘制如图5-182所示的两个对象，将它们的颜色填充为（C:20、M:0、Y:0、K:0），并取消其外部轮廓。结合使用"转换为位图"和"高斯式模糊"命令对这两个对象进行模糊处理，效果如图5-183所示。

41 选择手部对象，为其填充从（C:3、M:18、Y:17、K:0）到（C:3、M:34、Y:42、K:0）的线性渐变色，并取消其外部轮廓，如图5-184所示。采用在手指上绘制阴影对象，并将阴影对象转换为位图，再进行模糊处理的方法，绘制手指上的阴影效果，如图5-185所示。

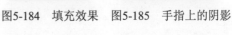

图5-182　绘制对象 图5-183　对象的模糊效果　　　图5-184　填充效果　　图5-185　手指上的阴影

42 在女孩的左边头发上绘制如图5-186所示的蝴蝶结对象，为其填充圆锥渐变色，设置渐变色为0%（C:0、M:74、Y:0、K:0）、18%（C:0、M:30、Y:0、K:0）、46%（C:0、M:74、Y:0、K:0）、67%（C:0、M:30、Y:0、K:0）、85%（C:0、M:74、Y:0、K:0）、100%（C:0、M:30、Y:0、K:0），其他选项参数的设置如图5-187所示。

43 填充好后，取消对象的外部轮廓，效果如图5-188所示。

图5-186 绘制蝴蝶结   图5-187 渐变参数设置

44 在右边头发上绘制如图5-189所示的蝴蝶结对象，为其填充与左边蝴蝶结相同的填充色，并按如图5-190所示设置渐变参数。

图5-188 蝴蝶结对象的填充效果

图5-189 绘制的蝴蝶结   图5-190 渐变参数设置

45 在右边的蝴蝶结对象上绘制如图5-191所示的椭圆形，为其填充从（C:0、M:72、Y:0、K:0）到（C:0、M:32、Y:0、K:0）的线性渐变色，并取消其外部轮廓。

46 绘制如图5-192所示的鸡冠对象，为它们填充从"红色"到（C:0、M:60、Y:100、K:0）的射线渐变色，并取消其外部轮廓，如图5-193所示。

图5-191 绘制的蝴蝶结对象

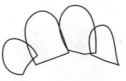 

图5-192 绘制的鸡冠   图5-193 对象填色效果

47 在鸡冠对象上绘制如图5-194所示的阴影对象，将它们的颜色填充为（C:28、M:100、Y:100、K:10），并取消其外部轮廓。

48 结合使用"转换为位图"和"高斯式模糊"命令对鸡冠上的阴影对象进行模糊处理，如图5-195所示，然后使用形状工具将鸡冠以外多余的投影对象裁剪掉，如图5-196所示。

图5-194 绘制的阴影对象

图5-195 模糊效果   图5-196 裁剪多余阴影

49 将绘制好的鸡冠对象移动到公鸡的头顶上，按如图5-197所示调整其大小和位置。

50 选择公鸡的头部外形对象，为其填充从（C:0、M:30、Y:100、K:0）到（C:0、M:5、Y:100、K:0）的线性渐变色，如图5-198所示。

图5-197 公鸡头顶的鸡冠效果

图5-198 头部外形对象的填充效果

51 选择公鸡的嘴巴对象，然后使用交互式网格填充工具为其创建如图5-199所示的网格。

52 选择如图5-200所示的网格，将它们的颜色填充为（C:5、M:73、Y:100、K:10），如图5-201所示。

图5-199 嘴巴对象上的网格

图5-200 选择网格节点 图5-201 网格填充效果

53 选择如图5-202所示的网格，将它们的颜色填充为（C:0、M:38、Y:64、K:2），如图5-203所示。

54 选择如图5-204所示的网格，将其颜色填充为（C:0、M:87、Y:100、K:15）。选择如图5-205所示的网格，将它们的颜色填充为（C:0、M:23、Y:84、K:0）。

图5-202 选择网格节点 图5-203 网格填充效果

图5-204 选择网格 图5-205 网格填充效果

55 选择如图5-206所示的网格，将其颜色填充为（C:0、M:38、Y:57、K:0），如图5-207所示。

图5-206 选择网格节点 图5-207 网格填充效果

56 选择公鸡的下巴对象，然后使用交互式网格填充工具为其创建如图5-208所示的网格。

图5-208 创建的网格

58 选择如图5-211所示的网格节点，将它们的颜色填充为（C:0、M:72、Y:91、K:0），如图5-212所示。

图5-211 选择网格节点 图5-212 网格填充效果

60 在椭圆形处绘制如图5-214所示的对象，将其颜色填充为（C:0、M:0、Y:39、K:0），并取消其外部轮廓，然后将其调整到椭圆形的下方。

61 结合使用"转换为位图"和"高斯式模糊"命令，对步骤60绘制的对象进行模糊处理，以表现此处的明暗效果变化，如图5-215所示。

62 采用绘制阴影对象，将对象转换为位图和对位图进行高斯式模糊的方法，绘制公鸡头部羽毛处的阴影效果，如图5-216所示。

图5-216 绘制公鸡头部羽毛的阴影

57 选择如图5-209所示的网格节点，将它们的颜色填充为（C:0、M:100、Y:100、K:20），如图5-210所示。

图5-209 选择网格节点 图5-210 网格填充效果

59 选择眼睛右边的椭圆形对象，为其填充0%和48%（红色）、100%（■红色）的射线渐变色，如图5-213所示。

图5-213 椭圆形的填充效果

图5-214 绘制对象 图5-215 对象模糊效果

63 选择公鸡的身体对象，然后使用交互式网格填充工具为其创建如图5-217所示的网格。

图5-217 创建的网格

64 选择如图5-218所示的网格节点，将它们的颜色填充为（C:0、M:22、Y:100、K:0），如图5-219所示。

图5-218　选择网格节点　图5-219　网格填色效果

65 绘制如图5-220所示的对象，为其填充"深黄色"，并取消其外部轮廓。复制该对象，将复制的对象调整到如图5-221所示的大小，然后修改填充色为（C:0、M:40、Y:100、K:0）。

图5-220　绘制的对象　图5-221　复制的对象

66 结合使用"转换为位图"和"高斯式模糊"命令，对步骤65中绘制的对象进行如图5-222所示的模糊处理。

图5-222　对象的模糊效果

67 绘制如图5-223所示的对象，将其颜色填充为（C:0、M:0、Y:20、K:0），并取消其外部轮廓，然后结合使用"转换为位图"和"高斯式模糊"命令对该对象进行如图5-224所示的模糊处理。

图5-223　绘制的对象　图5-224　对象模糊效果

68 绘制如图5-225所示的多个对象。

图5-225　绘制的多个对象

69 为它们填充0%（C:58、M:20、Y:100、K:10）、26%与47%（C:40、M:5、Y:80、K:0）、100%（C:87、M:26、Y:100、K:45）的线性渐变色，以表现公鸡翅膀上的羽毛效果，如图5-226所示。

图5-226　翅膀上的羽毛效果

70 绘制如图5-227所示的对象，将其颜色填充为（C:71、M:37、Y:100、K:11），并取消其外部轮廓。

图5-227　绘制的对象

71 将步骤70中绘制的对象调整到翅膀对象的下方，如图5-228所示。

图5-228　对象的排列顺序

72 将绘制好的翅膀对象群组，然后移动到如图5-229所示的位置，并调整到适当的大小。

图5-229　公鸡的翅膀效果

73 选择公鸡下方的布帘子对象，然后使用交互式网格填充工具为其创建如图5-230所示的网格。

图5-230　对象上的网格效果

74 选择如图5-231所示的网格节点，将它们的颜色填充为（C:0、M:13、Y:0、K:0），如图5-232所示。

图5-231　选择网格节点　图5-232　网格的填充效果

75 选择如图5-233所示的网格节点，将其颜色填充为（C:8、M:92、Y:0、K:0），如图5-234所示。

图5-233　选择网格节点　图5-234　网格的填充效果

76 导入光盘\源文件与素材\第5章\素材\衣服图案.cdr文件，然后为它们填充0%（C:5、M:11、Y:100、K:0）、24%（C:1、M:0、Y:14、K:0）、45%（C:4、M:20、Y:100、K:0）、55%（黄色）、72%（C:1、M:0、Y:14、K:0）、100%（黄色）的线性渐变色，然后按如图5-235所示进行排列。

图5-235　填充颜色并排列图案效果

77 复制公鸡的身体对象，如图5-236所示。然后选择交互式网格填充工具，单击属性栏中的回按钮，取消该对象中的网格填充色，再将步骤76中添加的衣服图案精确剪裁到该对象中，效果如图5-237所示。

图5-236　复制公鸡身体　图5-237　精确剪裁效果

78 导入光盘\源文件与素材\第5章\素材\鞋子图案.cdr文件，将该图案放置在女孩的左脚鞋子上，然后为该对象填充与衣服图案相同的颜色，并按如图5-238所示调整其渐变角度。

图5-238　鞋子上的图案效果

79 绘制如图5-239所示的花朵对象，将其颜色填充为（C:68、M:92、Y:90、K:35），并取消其外部轮廓。复制该对象，修改其填充色为0%（C:48、M:12、Y:86、K:0）、10%（C:22、M:0、Y:72、K:0）、25%（C:48、M:12、Y:86、K:0）、46%与67%（C: 22、M:0、Y:72、K:0）、85%（C:48、M:12、Y:86、K:0）、100%（C:22、M:0、Y:72、K:0）的圆锥渐变，然后将其移动到如图5-240所示的位置。

80 在花朵对象上绘制如图5-241所示的圆形，为其填充0%（C:0、M:60、Y:100、K:0）、74%（黄色）、100%（白色）的射线渐变色，并取消其外部轮廓。

图5-239　绘制的花朵对象　　图5-240　复制并修改颜色后的花朵效果　　图5-241　绘制的圆形

81 将步骤80中绘制好的花朵对象移动到女孩的鞋子上，并按如图5-242所示调整其大小和位置。

82 完成的女孩造型如图5-243所示。

图5-242　鞋子上的花朵对象　　　　　　图5-243　完成的女孩造型

10.3.3　添加背景修饰

01 绘制如图5-244所示的矩形，为其填充从（C:37、M:100、Y:98、K:2）到"红色"的线性渐变色，并取消其外部轮廓。

02 复制该矩形，向下缩小矩形的高度，然后为其填充从（C:25、M:100、Y:98、K:0）到（C:15、M:100、Y:100、K:0）的线性渐变色，如图5-245所示。

03 保持该矩形对象的选取，然后将其复制两份，并按如图5-246所示调整复制的矩形的高度和位置。

图5-244　绘制的矩形　　　　图5-245　调整高度和填充色　　　图5-246　复制并调整高度后的矩形

04 同时选择步骤03中复制的矩形，然后选择交互式调和工具 ，在选定的两个矩形之间拖动鼠标创建调和效果，再在属性栏中的 ⑩20 选项中将调和步长修改为8，按Enter键，效果如图5-247所示。

05 复制背景矩形上的所有矩形对象，并将复制的对象垂直镜像，然后将它们移动到背景矩形的顶端，如图5-248所示。

图5-247 对象之间的调和效果

图5-248 复制并镜像的对象效果

06 将绘制好的女孩造型群组后移动到背景上，并按如图5-249所示调整其大小和位置。

07 导入光盘\源文件与素材\第5章\素材\灯笼和鱼.cdr文件、雪花.cdr文件，将雪花对象填充为"白色"，然后将雪花、灯笼和鱼对象按如图5-250所示排列。

图5-249 背景上的女孩造型效果

图5-250 添加的雪花、灯笼和鱼

08 在画面中绘制如图5-251所示的圆形，将它们填充为"白色"，并取消其外部轮廓。

09 结合使用"转换为位图"和"高斯式模糊"命令将圆形模糊处理，以起到点缀画面的作用，复制背景矩形，取消其填充色，然后将绘制好的图形群组，并精确裁剪到该矩形中，效果如图5-252所示。至此，一幅色彩丰富的年画即绘制完成。

图5-251 绘制的圆形

图5-252 完成的年画效果

举一反三 | 爱 心

在学习完绘制年画的操作方法和技巧后，打开光盘\源文件与素材\第5章\源文件\爱心.cdr文件，如图5-253所示，然后结合前面所学的绘图和填色知识，练习绘制该文件中的插画效果。

图5-253 爱心插画效果

绘制长着翅膀的爱心

制作另一颗爱心

绘制修饰图案

绘制修饰图案

组合爱心和修饰图案

绘制修饰图案

绘制飘扬的心形

绘制背景

◯ 关键技术要点 ◯

01 在绘制爱心时，结合使用贝塞尔工具和"渐变填充"对话框来完成立体感爱心图形的绘制。绘制另一颗爱心时，可采用复制已经绘制好的爱心对象，再适当调整其角度和大小，并使用形状工具适当改变爱心的形状即可。

02 在绘制五彩飘带时，首先绘制出飘带的基本外形，然后结合使用"复制"和"修剪"命令，再为修剪后的对象填充相应的颜色即可。

03 在绘制背景中的发射状图形时，首先绘制其中一个基本图形，然后将该对象的旋转中心点移动到发射的中心位置，再将对象复制到指定的位置，最后按Ctrl+D组合键再制对象即可。绘制好发射状图形后，将这些图形群组，然后将它们精确剪裁到背景矩形中。

04 背景中的墨点和飘渺的气体效果，是通过导入素材的方式添加到背景中的。

第6章

The 6th Chapter

插画中文字的应用

　　文字、图形和色彩是设计创作中的三大要素，文字可以直观地表达画面中所要诉求的主题内容。在动漫创作中，根据人物表情和故事发展情节，将经过修饰和艺术处理后的文字添加在适合的场合，不仅可以起到美化画面的作用，同时还可以增加画面的趣味性，引起观众的共鸣。

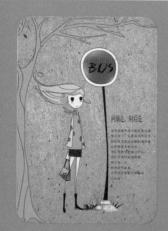

Work1 要点导读

在进行插画设计时，如何更好地应用文字也是设计师们值得推敲的重要环节。

在设计文字时，应根据插画所要展现的主题进行相应的字体设计。例如，画面内容以幽默风趣为主，则通常画面中的标题最好选用较活泼夸张的字体，如图6-1所示。而以唯美风格为主且艺术性较强的画面内容，则采用艺术字体（如花体），或者为文字添加一些较强艺术效果的图案修饰等，如图6-2所示。在色彩应用上也应该如此。

图6-1　文字的夸张处理

图6-2　艺术修饰文字

目前，虽然可以使用的中文和英文字体很多，但要使自己的设计作品更富有鲜明的个性，除应用系统提供的字体外，更多的是通过设计者的巧妙构思，设计出适合画面内容的新字体，以增强画面的表现力，如图6-3所示。

要设计新字体，可以在为文字应用与自己设想的字体相类似的字体基础上再对字体进行进一步的造型，以使文字充满个性。

CorelDRAW中用于输入文字的工具为文本工具 字，使用该工具输入的文字分为两种类型，一种是美术文本，用于输入少量文字，如文字标题。另一种是段落文本，用于输入篇幅较多的文字，如正文，以便于对文字进行编排，如图6-4所示。

图6-3　漂亮字体设计

图6-4　段落文本在广告插画中的表现

在一幅插画中，要着重设计字体的文字通常是画面中的标题。标题相当于画面中的重心，因此要使其突出表现。在设计标题文字的字体时，先使用文本工具[字]输入相应的文字内容，然后在文本工具属性栏中的"字体"下拉列表框中选择满意的字体，再执行"排列→转换为曲线"命令或按Ctrl+Q组合键将文字转换为曲线，这样，即可按照编辑曲线形状的方法编辑字形，如图6-5所示。

图6-5　字形编辑处理流程

除了可以在系统提供的字体基础上对文字进行字形编辑外，习惯于手绘创作的读者，还可以先在纸上画出字形设计草图，如图6-6所示。待达到满意的效果后，通过电脑扫描，将绘制好的文字输入到电脑，再使用CorelDRAW中的绘图工具将草图中的文字绘制出来，再将其应用到插画中。

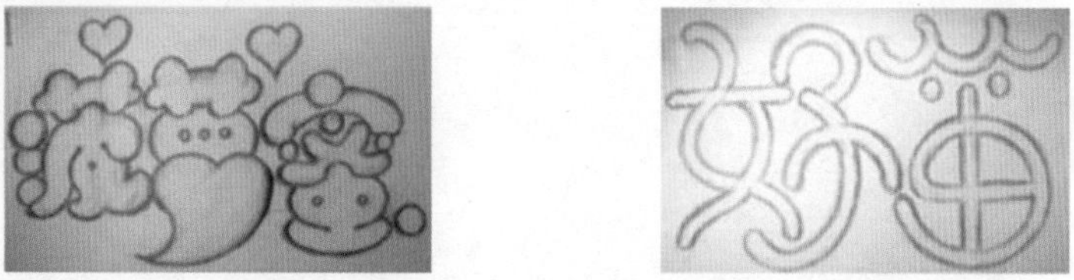

图6-6　绘制的字体草图

在CorelDRAW X4中输入美术文本的方法较为简单。选择工具箱中的文本工具[字]，然后在绘图窗口中单击鼠标左键，在出现文字输入光标后，选择一种合适的输入法输入所需的文字内容，如果要使文字另起一行，可在输入过程中按Enter键，如图6-7所示。

而输入段落文本则需要在文本框中进行。选择文本工具[字]，在绘图窗口中按下鼠标左键并拖动，释放鼠标后，在文本框中会出现文字输入光标，输入所需的文本内容即可，如图6-8所示。

CorelDRAW
我的魔法绘画工具

图6-7　输入的文字

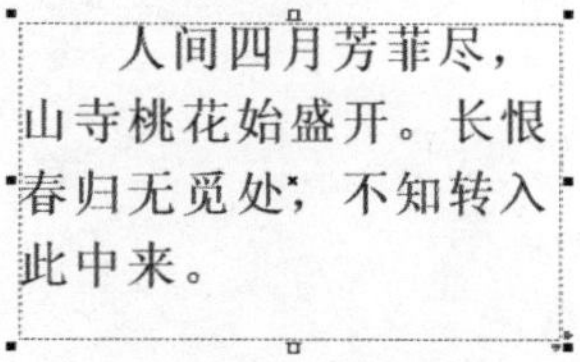

人间四月芳菲尽，山寺桃花始盛开。长恨春归无觅处，不知转入此中来。

图6-8　段落文本

Work2　案例解析

对文字有一定的了解后，下面通过实例进一步熟练掌握文字的使用方法和技巧。

Example **11**

● ● ● ●

等车的女孩

下面通过绘制一个女孩在公共汽车站台上等车的街头场景，使读者掌握在CorelDRAW中输入文字的方法，同时使读者了解对图形和文字编排的方法。

...绘制女孩造型

...绘制提包

...绘制停车牌

...绘制小草

...绘制大树

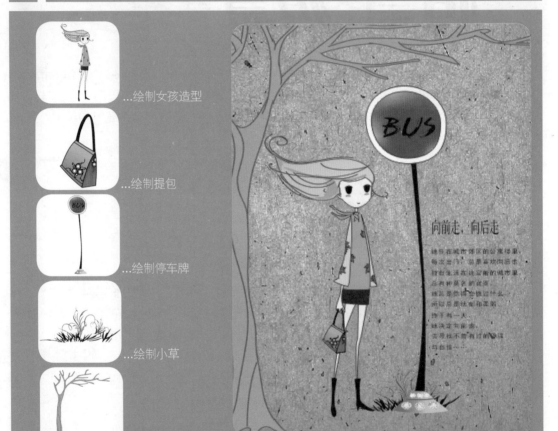

11.1　效果展示

原始文件：Chapter 6\Example 11\等车的女孩.cdr

最终效果：Chapter 6\Example 11\等车的女孩.jpg

学习指数：★★

在漫画创作中，通过文字的点缀和说明，可以使画面内容更加完整，同时可以帮助读者更好地理解画面所要体现的中心内容。

11.2 技术点睛

在漫画创作中，对文字的处理也是值得考究的。例如，漫画中的故事情节是充满喜剧性的，那么应用到画面中的文字就应该倾向于活泼、跳跃和色彩艳丽等风格；但如果漫画情节是充满忧郁和悲情色调的，那么在文字处理上就不应该使文字过于花哨，而应该选用色彩较柔和或以冷色调为主的文字颜色。

本实例中应用的文字没有添加任何修饰，而且文字颜色是黑色，因此与整个画面搭配起来，可以更好地体现画面中的安静氛围，同时也带给读者一种淡淡的忧伤。

在本实例中，除了使用文本工具外，没有应用其他新的功能。因此，读者在制作本实例时，将主要掌握使用文本工具输入文字和设置文字基本属性的方法。

11.3 步骤详解

制作本实例将分为3个部分。首先绘制等车的女孩造型，然后绘制公交车站台处的街头场景，最后在画面中添加说明性文字即可。下面一起来完成本实例的制作。

11.3.1 绘制女孩造型

01 分别使用贝塞尔工具和矩形工具绘制女孩的脸部和颈部外形，将对象的颜色填充为（C:0、M:0、Y:7、K:0），并保持默认的外部轮廓不变，如图6-9所示。

02 绘制女孩的头发外形，将该对象填充为从（C:4、M:14、Y:45、K:0）到（C:3、M:7、Y:29、K:0）的线性渐变色，并取消其外部轮廓，如图6-10所示。

图6-9 绘制的脸部和颈部外形

图6-10 绘制的头发外形

03 绘制女孩的衣服和裙子对象，分别将衣服对象的颜色填充为（C:3、M:9、Y:20、K:0）和（C:1、M:33、Y:56、K:0），裙子对象的颜色填充为（C:76、M:71、Y:75、K:45），如图6-11所示。

04 绘制女孩的手部，将其填充与脸部相同的颜色，如图6-12所示。

05 绘制女孩的腿部外形，同样填充与脸部对象相同的颜色，如图6-13所示。

图6-11 绘制的衣服和裙子对象

图6-12 绘制的手部外形

图6-13 绘制的腿部对象

06 绘制靴子对象，将它们填充为"黑色"，如图6-14所示。

07 将靴子对象移动到女孩腿的底部，调整到适当的大小，女孩的基本外形效果如图6-15所示。

08 绘制如图6-16所示的眼睛对象，将它们组合。

图6-14 绘制的靴子对象

图6-15 女孩的基本外形效果

图6-16 绘制的眼睛对象

09 移动眼睛对象到女孩脸部的适当位置，然后按如图6-17所示进行排列。

10 在女孩眼睛的下方绘制如图6-18所示的眼睑对象，将其颜色填充为（C:11、M:41、Y:76、K:0）。

11 按照将对象转换为位图并为位图应用"高斯式模糊"命令的制作方法，对眼睑对象作模糊处理，如图6-19所示。

图6-17 女孩的眼睛效果

图6-18 绘制的眼睑对象

图6-19 眼睑的模糊效果

12 绘制女孩的嘴唇对象，将其填充为"黑色"。分别在女孩的耳朵上绘制如图6-20所示的两个对象，将它们的颜色填充为（C:56、M:78、Y:90、K:11），并取消其外部轮廓，以表现耳朵的轮廓效果。

图6-20 绘制的嘴唇和耳朵轮廓效果

13 采用绘制曲线轮廓，然后将轮廓转换为对象，并调整对象形状的方法，绘制女孩头发的边缘线条效果，如图6-21所示。

图6-21 绘制的头发边缘线条

15 继续采用绘制曲线轮廓，然后将轮廓转换为对象，并调整对象形状的方法，在女孩头发上绘制如图6-23所示的曲线形对象，以表现头发的层次效果。

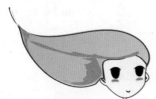

图6-23 头发上的层次效果

17 绘制如图6-25所示的丝巾对象，将它们填充为0%和100%（C:40、M:0、Y:100、K:0）、29%和80%（C:20、M:0、Y:20、K:0）、55%（C:37、M:0、Y:87、K:0）的线性渐变色，并分别调整各个对象中渐变颜色的边界和角度。

18 将绘制好的丝巾对象移动到女孩的脖子上，并按如图6-26所示调整其大小。

图6-26 女孩脖子上的丝巾效果

20 将枫叶对象按如图6-28所示排列在衣服对象上。

14 在女孩头发上绘制如图6-22所示的阴影对象，将它们的颜色填充为（C:10、M:28、Y:45、K:0），并取消其外部轮廓。

图6-22 绘制的头发上的阴影

16 按照如图6-24所示的对象排列顺序调整头发上的线条与阴影对象的上下排列顺序。

图6-24 头发对象的排列顺序

图6-25 绘制的丝巾对象

19 绘制如图6-27所示的枫叶对象，将其填充为"红色"。

图6-27 绘制枫叶

21 分别将枫叶对象精确剪裁到对应的衣服对象中，完成效果如图6-29所示。

22 绘制如图6-30所示的提包整体外形，将其填充为从（C:20、M:0、Y:60、K:0）到（C:60、M:14、Y:100、K:0）的线性渐变色。

图6-28 衣服对象上的枫叶　　　图6-29 剪裁枫叶　　　图6-30 绘制的提包整体外形

23 复制提包对象，将其修剪为如图**6-31**所示的形状，颜色填充为（C:88、M:68、Y:100、K:29）。

24 使用交互式网格填充工具为修剪后的对象应用如图**6-32**所示的网格填充色。

图6-31 修剪后的对象

① （C:67、M:21、Y:100、K:6）

② （C:37、M:37、Y:0、K:6）

③ （C:61、M:10、Y:100、K:6）

图6-32 提包对象的网格填充效果

25 复制提包整体外形对象，分别将复制的对象修剪为如图**6-33**所示的对象，然后将上方对象的颜色填充为（C:28、M:3、Y:81、K:0），下方对象的颜色填充为从（C:20、M:0、Y:60、K:0）到（C:60、M:14、Y:100、K:0）的线性渐变色。

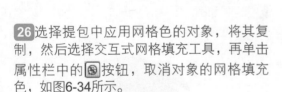

图6-33 修剪对象的填充效果

26 选择提包中应用网格色的对象，将其复制，然后选择交互式网格填充工具，再单击属性栏中的█按钮，取消对象的网格填充色，如图6-34所示。

27 导入光盘\源文件与素材\第6章\素材\提包图案.cdr文件，如图6-35所示。

图6-34 复制并取消对象的网格填充色

图6-35 导入的提包图案

28 将提包图案复制一份，并按如图6-36所示的效果，将它们分别精确剪裁到正面和侧面的提包对象中。

29 绘制如图6-37所示的包带，将其填充为"黑色"。选择所有的提包对象、将它们群组。

图6-36 提包对象中的图案效果

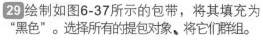

图6-37 绘制的提包包带

30 将提包对象放在女孩左手中，调整其大小和位置，以产生手拿提包的效果，如图6-38所示。

31 至此，一个漫画风格的女孩造型即绘制完成，效果如图6-39所示。

图6-38 手拿提包的效果

图6-39 完成后的女孩造型

11.3.2　绘制站台停车牌

01 采用绘制圆形，然后按Ctrl+Q组合键，将对象转换为曲线，再使用形状工具调整对象形状的方法，绘制如图6-40所示的对象。

02 复制该对象，并按对象中心适当缩小复制的对象，然后将对象的颜色填充为（C:16、M:100、Y:100、K:7），如图6-41所示。

03 使用交互式网格填充工具为对象填充如图6-42所示的颜色，图中所选节点处的颜色为（C:0、M:20、Y:100、K:0）。

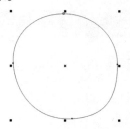

图6-40 绘制的对象

图6-41 复制对象的填充效果

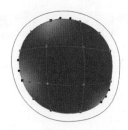

图6-42 对象的网格填充效果

04 绘制如图6-43所示的站牌底座对象，将其颜色填充为（C:8、M:7、Y:55、K:0），并取消其外部轮廓。

05 复制该对象，并修改复制所得对象的填充色为（C:48、M:44、Y:7、K:0），然后为其应用如图6-44所示的线性透明效果。

06 使用贝塞尔工具绘制如图6-45所示的曲线轮廓，将轮廓色设置为（C:20、M:40、Y:0、K:60），并设置适当的轮廓宽度。

图6-43 绘制的站牌底座

图6-44 对象的透明效果

图6-45 绘制底座上的曲线

07 导入光盘\源文件与素材第6章\素材站牌底座图案.cdr文件，然后按如图6-46所示复制相应的图案并进行排列。

08 使用艺术笔工具中相应的预设笔触绘制如图6-47所示的小草对象。

09 将小草对象填充为"黑色"，然后将导入的如图6-48所示的底座图案与小草对象组合。

图6-46 底座上的图案效果

图6-47 绘制的小草对象

图6-48 小草对象与图案的组合

10 将步骤09绘制好的小草图案移动到站牌底座，并按如图6-49所示调整其大小和上下排列顺序。

图6-49 站牌底座处的小草效果

11 在底座上绘制如图6-50所示的支架，然后将它们与站牌对象组合，完成停车牌的绘制。

图6-50 绘制的底座上的支架

11.3.3 添加画面背景和文字

01 导入光盘\源文件与素材\第6章\素材\背景.cdr文件，如图6-51所示。

02 绘制一个与背景等大的矩形，然后将大树对象精确剪裁到该矩形中，效果如图6-52所示。

03 将绘制好的女孩造型和停车牌对象分别移动到背景中，按如图6-53所示进行排列。

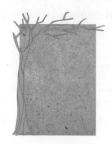

图6-51 导入的背景素材

图6-52 大树对象的精确剪裁效果

图6-53 对象的组合效果

04 选择文本工具 字 ，在工作区中的空白区域内单击，出现文字输入光标，如图6-54所示。

I字

图6-54 文字输入光标

05 切换到所要使用的文字输入法，输入如图6-55所示的文字。

06 使用挑选工具结束文字的编辑状态，并选择文字对象，如图6-56所示。

07 在属性栏的"字体"下拉列表框中选择字体为"汉仪中宋简"，如图6-57所示。

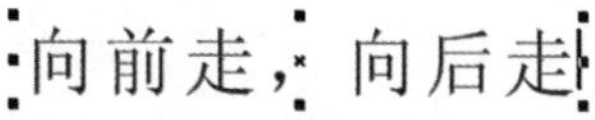

向前走，向后走

图6-55 输入文字

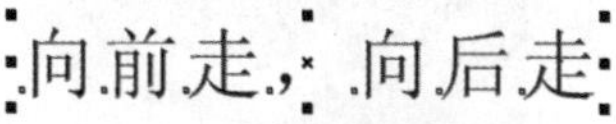

向前走，向后走

图6-56 选择文本对象

向后走

图6-57 设置字体

08 将文字移动到站台停车牌的右边，并调整到如图6-58所示的大小。

09 输入文字内容。选择文本对象，将字体设置为"黑色"。切换到形状工具，然后向下拖动左下角的控制点，调整文本的行距，如图6-59所示。

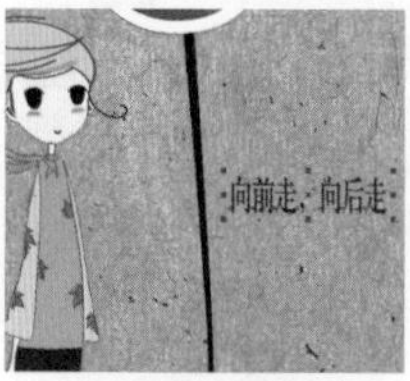

图6-58 文字效果

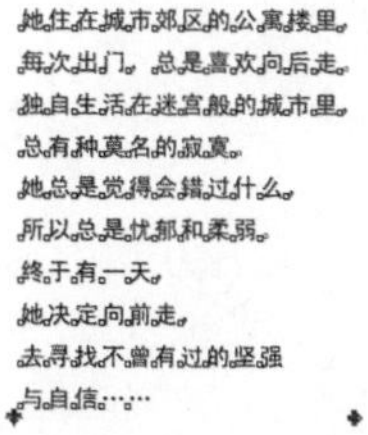

她住在城市郊区的公寓楼里，
每次出门，总是喜欢向后走，
独自生活在迷宫般的城市里，
总有种莫名的寂寞，
她总是觉得会错过什么，
所以总是忧郁和柔弱，
终于有一天，
她决定向前走，
去寻找不曾有过的坚强
与自强……

图6-59 调整文字的行距

10 按空格键选择文本对象，将对象移动到如图6-60所示的位置，并调整到适当的大小。

11 输入站台停车牌中的文字"BUS"，将字体设置为ChickenScratch AOE，然后按如图6-61所示调整文字的大小，完成本实例的制作。

图6-60 背景中的文字效果

图6-61 站台停车牌中的文字效果

举一反三 | 图 像 字 |

　　在进行动漫创作时，单纯使用文本工具输入的文字有时候会显得比较单调，而且千篇一律，缺少新意和个性，但创作者可以将文字理解为图形，为文字添加修饰或者采用绘图的方式绘制文字，这样就能给整个画面带来锦上添花的效果。

　　打开光盘\源文件与素材\第6章\源文件\图像字.cdr文件，如图6-62所示，然后利用贝塞尔工具、形状工具、"导入"命令和"图框精确剪裁"命令，制作该文件中的特效文字。

图6-62　图像字效果

绘制艺术文字

导入古典图像

精确剪裁古典图像

导入蔓藤图像

组合蔓藤与文字

制作花朵效果

绘制其他文字中的横截面

绘制藤条

● 关键技术要点 ●

01 文字中的特殊字形是采用贝塞尔工具绘制而成的。在将古典图像精确剪裁到文字中时，需要将图像单独剪裁到每一个文字对象中，这样文字中的图像效果会显得更加丰富。

02 在向文字上添加蔓藤图像时，需要根据文字的形状，使用形状工具对导入的蔓藤图像进行裁切，然后将适合的部分图像放置在文字对象上，再根据字形的走向调整图像的角度。

03 在绘制文字中的横截面时，只需要绘制两个均匀色填充的对象来表现被切割的效果即可。

04 牵连在文字中的藤条是通过直接使用贝塞尔工具绘制曲线轮廓来表现的。

Example

12

"K歌之王"招贴

下面将通过绘制一个"K歌之王"歌唱比赛招贴，使读者掌握在CorelDRAW中制作沿路径排列文字和对文字添加外部轮廓的方法。

...绘制歌王造型

...导入背景图案

...绘制聚光灯

...绘制星形

...绘制路径字

12.1 效果展示

原始文件：Chapter 6\Example 12\"K歌之王"招贴.cdr
最终效果：Chapter 6\Example 12\"K歌之王"招贴.jpg
学习指数：★★★★

本实例的主体画面是一个歌手在聚光灯下进行深情K歌表演的场景。简单的舞台场景、直述的招贴主题以及文字的说明，向读者传达了完整的活动信息；同时，将文字处理为沿路径方式排列，增强了画面的艺术性，使整个画面更有特色。

12.2　技术点睛

在制作本实例时，需要读者着重掌握制作沿路径排列文字的方法和技巧。本实例中制作了两种不同效果的沿路径排列文字，它们的制作方法完全相同，但在本例中介绍了两种略有不同的制作方法，目的是让读者掌握更多的操作技巧。

在制作本实例时，读者应注意以下几个操作环节。

（1）聚光灯中的灯光效果是通过绘制对象并为对象应用标准透明效果制作而成的。

（2）画面中的星形灯光效果是通过绘制一个相应颜色的星形，然后对该星形进行复制并缩小其大小，再改变其填充色后完成的。其中，在绘制中间几个星形对象时，还使用到了形状工具来适当调整星形的形状，从而得到最终的星形灯光效果。

（3）在制作沿路径排列的文字效果时，首先需要绘制出用于排列文字的路径，再通过使用"文本"菜单中的"使文本适合路径"命令，即可使文字沿路径排列。但用户还需要通过属性栏调整文本在路径上的排列方向、文本与路径的距离和文本在路径上的水平偏移量等，以达到最终满意的效果。

12.3　步骤详解

绘制本实例的过程分为**3**个部分。首先绘制K歌之王造型，然后绘制简单的舞台场景并为画面添加由音乐符号组成的修饰图案，最后在画面中添加文字信息。其中，添加文字信息部分是读者需要重点学习的。下面一起来完成本实例的制作。

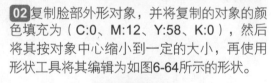

12.3.1　绘制歌王造型

01 使用贝塞尔工具绘制歌王的脸部外形，将其填充为"黑色"，并取消其外部轮廓，如图6-63所示。

02 复制脸部外形对象，并将复制的对象的颜色填充为（C:0、M:12、Y:58、K:0），然后将其按对象中心缩小到一定的大小，再使用形状工具将其编辑为如图6-64所示的形状。

图6-63　绘制的脸部外形

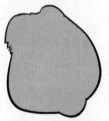

图6-64　复制并编辑后的脸部外形

03 绘制歌王的头发外形，按如图6-65所示将下层的头发对象的颜色填充为"黑色"，上层的头发对象的颜色填充为（C:28、M:67、Y:100、K:0），并取消它们的外部轮廓。

04 绘制歌王的耳朵外形，并填充与头发对象相同的颜色，如图6-66所示。

05 在左耳上绘制如图6-67所示的"黑色"对象，表现耳朵的轮廓。

图6-65　绘制的头发对象

图6-66　绘制的耳朵外形

图6-67　绘制的耳朵轮廓

06 在头部下方绘制如图6-68所示的身体外形，将其填充为"黑色"，并取消其外部轮廓。

07 绘制如图6-69所示的衣服对象，为其填充与头发对象相同的颜色，并取消其外部轮廓。

08 绘制如图6-70所示的手部对象，将其颜色填充为（C:0、M:10、Y:58、K:0），并取消其外部轮廓。

图6-68　绘制的身体外形

图6-69　绘制的衣服对象

图6-70　绘制的手部对象

09 在脸部绘制如图6-71所示的眼镜外形，将其填充为"黑色"。

10 在眼镜对象上绘制如图6-72所示的反光对象，分别为它们填充从"黑色"到"白色"的线性渐变色，并取消它们的外部轮廓。

11 绘制如图6-73所示的鼻子对象，将其填充为与脸部对象相同的颜色，并取消其外部轮廓。

图6-71　绘制的眼镜外形

图6-72　绘制眼镜中的发光效果

图6-73　绘制的鼻子对象

12 采用绘制相应宽度的轮廓，将轮廓转换为对象，再使用形状工具调整对象形状的方法，在鼻子对象上绘制鼻子的轮廓，如图6-74所示。

图6-74 绘制的鼻子轮廓

13 在鼻子对象两边绘制如图6-75所示的椭圆形，以表现歌王脸上的红晕效果，分别将位于下层的椭圆形的颜色填充为"黑色"，位于上层的椭圆形的颜色填充为（C:0、M:60、Y:0、K:0）。

图6-75 绘制脸上的红晕

14 绘制如图6-76所示的两个对象，将它们填充为"黑色"，分别表现对应的脸部轮廓和嘴巴外形。

图6-76 绘制的轮廓和嘴巴外形

15 在嘴巴对象上绘制如图6-77所示的两个嘴部对象，分别将上方的嘴部对象的颜色填充为（C:4、M:14、Y:45、K:0），下方的嘴部对象的颜色填充为（C:4、M:14、Y:45、K:0），以表现歌王K歌时的嘴巴造型。

图6-77 绘制的嘴部对象

16 在眼镜对象上方绘制如图6-78所示的线条轮廓，为它们设置适当的轮廓宽度，以表现歌王皱眉时的面部表情。

图6-78 皱眉的效果

17 在歌王的右手上方绘制如图6-79所示的椭圆形，为其填充0%（黑色）、29%（白色）、42%（10%黑）、100%（黑色）的线性渐变色，并取消其外部轮廓，以表现话筒中的金属材质反光的效果。

图6-79 绘制话筒的发光效果

18 在话筒上绘制如图6-80所示的对象，将它们填充为"黑色"，使话筒效果更加逼真。

19 绘制如图6-81所示的话筒手柄，将其颜色填充为（C:30、M:0、Y:0、K:0），并取消其外部轮廓。

图6-80　绘制的对象

图6-81　绘制的话筒手柄

20 在右手臂的下方绘制如图6-82所示的衣服披风对象，将它们的颜色填充为（C:0、M:40、Y:100、K:0），并取消其外部轮廓。

21 在话筒线的末端绘制如图6-83所示的3个对象，将它们填充为与话筒手柄对象相同的颜色。

图6-82　绘制的衣服披风

图6-83　绘制的话筒线的末端对象

22 绘制如图6-84所示的领带外形对象，将其填充为"黑色"，并取消其外部轮廓。

23 在领带对象上绘制如图6-85所示的对象，将它们填充为"黄色"。

图6-84　绘制的领带外形

图6-85　绘制的黄色花纹

24 绘制如图6-86所示的点状纹样，将它们的颜色填充为（C:0、M:40、Y:0、K:0），以表现领带上的花纹效果。

25 在衣服上绘制如图6-87所示的衣服褶皱，将褶皱对象填充为"黑色"，完成歌王的造型。

图6-86　绘制的点状花纹

图6-87　歌王的最终造型

12.3.2　绘制背景

01 绘制如图6-88所示的矩形，将其颜色填充为（C:45、M:40、Y:55、K:0），并取消其外部轮廓。

02 导入光盘\源文件与素材\第6章\素材\K歌背景图案.cdr文件，然后将其精确剪裁到步骤01绘制的背景矩形中，完成的效果如图6-89所示。

图6-88 绘制的背景矩形

图6-89 背景中的图案效果

03 绘制如图6-90所示的聚光灯外壳对象，将其颜色填充为（C:91、M:63、Y:86、K:54），并取消其外部轮廓。

04 绘制如图6-91所示的聚光灯边缘对象，为其填充0%和100%（C:89、M:45、Y:100、K:60）、50%（C:54、M:34、Y:27、K:11）的线性渐变色，并取消其外部轮廓。

图6-90 绘制的聚光灯外壳

图6-91 绘制的聚光灯边缘

05 在聚光灯边缘对象上绘制如图6-92所示的椭圆形，将其颜色填充为（C:0、M:5、Y:100、K:0），并取消外部轮廓，以表现开灯时的效果。

06 在聚光灯外壳上绘制如图6-93所示的对象，将其颜色填充为（C:53、M:40、Y:38、K:2），并取消其外部轮廓，以表现反光的效果。

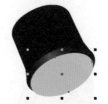

图6-92 开灯时的效果

图6-93 绘制外壳反光效果

07 将绘制好的聚光灯对象群组，然后复制并排列组合为如图6-94所示的效果。

08 绘制聚光灯的灯杆，为它们填充与聚光灯外壳对象相同的颜色，并取消其外部轮廓，效果如图6-95所示。

图6-94 聚光灯的排列组合效果

图6-95 绘制的灯杆

09 绘制如图6-96所示的两个对象，将它们填充为"白色"，并取消其外部轮廓，然后为它们应用开始透明度为65的标准透明效果，以表现灯光发散的效果。

图6-96 灯光的发散效果

10 将绘制好的聚光灯和灯光对象群组，然后精确剪裁到背景矩形中，效果如图6-97所示。

图6-97 背景中的聚光灯效果

11 使用贝塞尔工具绘制如图6-98所示的星形对象，将其颜色填充为（C:27、M:48、Y:70、K:15），并取消其外部轮廓。

12 采用复制对象，并按对象中心缩小对象的方式，制作如图6-99所示的3个相同形状的星形，然后按从下到上的排列顺序分别将复制并调整大小后的对象的颜色填充为（C:3、M:39、Y:94、K:0）、（C:2、M:12、Y:49、K:0）和（C:27、M:48、Y:70、K:15）。

图6-98 绘制的星形

图6-99 制作的其他3个星形

13 复制最上层的星形对象，并将复制的对象填充为"红色"，然后将其适当缩小，再使用形状工具将其调整为如图6-100所示的形状。

14 按照与步骤13相同的操作方法制作其他的4个星形，然后按从下到上的排列顺序，分别将星形的颜色填充为（C:1、M:19、Y:73、K:0）、"白色"、（C:2、M:12、Y:49、K:0）和（C:3、M:24、Y:96、K:0），如图6-101所示。

图6-100 调整形状后的星形

图6-101 绘制完成的星形效果

15 将步骤14制作好的星形对象群组，然后精确剪裁到背景矩形中，并按如图6-102所示调整其在背景中的大小和位置。

16 将星形调整到灯光对象的下一层。完成后的精确剪裁效果如图6-103所示。

17 将绘制好的歌王对象群组，然后移动到背景中，并按如图6-104所示调整对象的大小和位置。

图6-102 星形在背景中的效果

图6-103 完成后的精确剪裁效果

图6-104 背景中的歌王造型

12.3.3 添加文字信息

01 使用贝塞尔工具绘制如图**6-105**所示的曲线。

图6-105 绘制的曲线

02 选择文本工具 字，在空白区域内输入所需的文字，并将字体设置为Bookman Old Style，如图6-106所示。

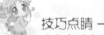
图6-106 输入的文字

03 同时选择步骤01绘制的曲线和步骤02输入的文本对象，然后执行"文本→使文本适合路径"命令，使文本沿路径编排，效果如图6-107所示。

图6-107 文本沿路径编排的效果

技巧点睛

使文本适合路径后，在文本上双击，进入文本的编辑状态，再按Ctrl+A组合键全选文本，然后即可在属性栏中设置文本的大小、字体以及文本在路径上的排列方向、文本与路径的距离、文本在路径上的水平偏移量等，以达到满意的文本沿路径编排效果。

04 选择路径文本对象，按Ctrl+K组合键，打散文本和路径。单独选择路径对象，按Delete键将其删除，此时的文本对象如图6-108所示。

05 将制作好的文字对象填充为"黄色"，并移动到歌王造型的上方，然后按如图6-109所示调整其大小。

图6-109 文字在背景中的效果

图6-108 制作好的文字效果

06 选择文本对象，使用鼠标右键单击调色板中的"黑"色样，为其添加外部轮廓。按F12键打开"轮廓笔"对话框，在其中设置适当的轮廓宽度，并选中"后台填充"和"按图像比例显示"复选框，然后单击"确定"按钮，得到如图6-110所示的轮廓效果。

图6-110　文字中的轮廓效果

07 使用文本工具分别输入数字"09"和英文"GRAND MEETING"，将数字的字体设置为"方正超粗黑简体"，英文的字体设置为Arial Black，并按如图6-111所示进行排列。

图6-111　输入的文本效果

08 使用贝塞尔工具绘制如图6-112所示的折线。

09 选择文本工具，将光标移动到折线上，如图6-113所示。

10 此时单击鼠标，将出现如图6-114所示的文本输入光标。

图6-112　绘制的折线

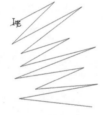

图6-113　光标显示状态

图6-114　出现的文本输入光标

11 在出现文本输入光标后，在属性栏中将字体设置为"黑体"，并设置适当的字体大小，然后输入文字"K歌之王"，如图6-115所示。

12 在文本的输入状态下，按下Ctrl+A组合键选择输入的文字，然后按Ctrl+C组合键进行复制，再将光标插入到最后一个字符后，连续按Ctrl+V组合键进行粘贴，得到如图6-116所示的文本绕路径编排效果。

图6-115　输入的文字

图6-116　文字绕路径编排效果

13 将步骤12制作的路径文字移动到歌王造型的右边，并按如图6-117所示调整路径文本的大小。

14 选择路径文本对象，按Ctrl+K组合键打散文本和路径，然后删除路径，效果如图6-118所示。

图6-117 路径文本在背景中的效果　　　　　图6-118 删除路径后的文字效果

15 在背景矩形的右下角输入所需的文字内容，并设置适当的字体和字号大小，然后为文字添加一个白色的外部轮廓，如图6-119所示。

16 绘制如图6-120所示的音乐符号和曲线轮廓，并填充为"红色"。

17 将绘制好的音乐符号和曲线轮廓群组后，移动到歌王造型的右上角，并按如图6-121所示调整其大小，完成本实例的制作。

图6-119 输入的文字内容　图6-120 绘制的音乐符号和曲线轮廓　图6-121 完成后的插画效果

　　文字对于版面能起到美化作用，因此文字的排版非常重要。对于文字的排版，需要注意以下几点。

　　（1）提高文字的可读性

　　设计中的文字应避免繁杂、零乱，应易认、易懂，切忌为了设计而设计，忘记了文字设计的根本目的是为了更有效地传达作者的意图，表达设计的主题和构想。

　　（2）文字的位置应符合整体要求

　　文字在画面中的安排要考虑到全局的因素，不能有视觉上的冲突，否则会造成主次不分，很容易引起视觉顺序的混乱，有时甚至1个像素的差距也会改变整个作品的味道。

　　（3）在视觉上应给人以美感

　　在视觉传达的过程中，文字作为画面的形象要素之一具有传达感情的功能，因而它必须具有视觉上的美感，能够给人以美的感受。

　　（4）在设计上要富于创造性

　　根据作品主题的要求，突出文字设计的个性色彩，创造与众不同的独具特色的字体，给人以别开生面的视觉感受，有利于作者设计意图的表现。

　　（5）更复杂的应用

　　文字不仅要在字体上和画面配合好，在颜色和部分笔画上都要进行加工，这样才能达到更完整的效果，而这些细节的地方需要的是耐心和技巧。

举一反三 | 霓虹灯字

文字特效有很多种，创作者可以根据画面整体效果的需要，制作出适合的字体特效。打开光盘\源文件与素材\第6章\源文件\霓虹灯字.cdr文件，如图6-122所示，然后利用贝塞尔工具、形状工具、交互式填充工具、交互式阴影工具、"轮廓笔"对话框和"将轮廓转换为对象"命令制作该文件中的发光字效果。

图6-122 霓虹灯字效果

绘制字形

填充线性渐变色

为其他文字对象添加阴影

为轮廓对象添加阴影效果

添加阴影效果

制作轮廓对象

制作另一层轮廓对象

将轮廓对象与文字组合

◯ 关键技术要点 ◯

01 在制作文字U边缘的渐变轮廓效果时，首先为文字对象添加一个相同宽度的外部轮廓，然后通过"将轮廓转换为对象"命令，将文字的外部轮廓转换为一个可以随意着色的对象，再为该对象添加相应的渐变色即可。

02 文字中的阴影效果是使用交互式阴影工具制作而成的。

03 在为整个文字制作多种颜色的发光效果时，制作每一层发光效果的操作方法都是相同的，具体方法为：（1）选择所有未添加外部轮廓的文字对象，然后将它们复制；（2）使用"焊接"命令将它们焊接为一个对象；（3）按照文字发光的颜色层次，将焊接后的对象调整到下层；（4）为对象添加外部轮廓，并设置相应的轮廓宽度和轮廓色；（5）通过"将轮廓转换为对象"命令将轮廓转换为对象；（6）使用交互式阴影工具为转换后的对象应用阴影效果，并将阴影颜色设置为当前对象的填充色。

04 在制作不同颜色的轮廓对象，并为对象应用相应颜色的阴影效果后，将使文字产生多种颜色层次的发光效果。

第7章

The 7th Chapter

>>>

绘制夸张类人物插画

　　动漫创作是一种传统绘画手法与现代计算机技术相结合的艺术，它与其他艺术性图像创作相比，更具个人化和个性化风格。动漫创作没有固定的设计框架，形式不拘一格，设计者可以根据自己的想象随意涂鸦，也可以创作具有超写实风格的各种造型。本章将为读者介绍两个不同风格的夸张类人物造型的绘制方法。

Example
13

● ● ● ●

卡通版摩登女郎

在动漫创作中，卡通版人物造型是最常见的，它以简单可爱的造型、新颖夸张的表现形式以及情趣化的内容，带给观众轻松愉悦的视觉享受，因此，深受不同年龄层次的观众喜爱。

...绘制左眼

...绘制右眼

...绘制女郎头部

...绘制绒花

...绘制圆形图案

13.1　效果展示

原始文件：Chapter 7\Example 13\卡通版摩登女郎.cdr
最终效果：Chapter 7\Example 13\卡通版摩登女郎.jpg
学习指数：★★★

本实例绘制的是一个卡通版的摩登女郎造型，造型中故意夸大了女郎的头部，以制作出类似大头贴的效果。这种表现形式被经常应用到卡通版人物造型的绘制手法中，以表现人物可爱的一面，从而增强画面的趣味性。

13.2 技术点睛

在绘制卡通版人物造型时，不需要对人物细节部分进行过于写实的细致刻画，只需对其进行简单的造型即可。但在绘制过程中要求能把握住人物的表情特征，是至关重要的。正所谓"形不似但神似"，这样可以更加吸引观众，将观众带入故事情节。

在绘制本实例时，读者应注意以下两个方面。

（1）绘制本实例所使用到的软件功能和绘图知识都是在学习前面的课程时经常用到的。因此，在学习完前面的课程后，绘制本实例将不是一件困难的事，但读者在绘制过程中需要着重掌握绘制这类卡通版人物造型的表现方法和绘制技巧。

（2）在绘制画面背景中成规则排列的圆形图案时，如果单纯采用复制的方法制作此图案，将是非常耗时的事，但利用本书中介绍的再制对象的方法即可轻松完成这类规则排列图案的绘制。

13.3 步骤详解

绘制本实例可以通过3个部分来完成。首先需要绘制摩登女郎的大致外形，然后再刻画人物细节，最后为摩登女郎造型绘制一个背景，使整个画面变得完整即可。下面一起来完成本实例的制作。

13.3.1 绘制摩登女郎的大致外形

01 使用贝塞尔工具绘制出女郎的脸部外形对象，为其填充0%（C:3、M:16、Y:23、K:0）、54%（C:3、M:9、Y:14、K:0）、100%（C:2、M:22、Y:31、K:0）的线性渐变色，并取消其外部轮廓，如图7-1所示。

02 绘制如图7-2所示的头发外形对象，为其填充从（C:25、M:96、Y:93、K:11）到（C:33、M:53、Y:47、K:88）的线性渐变色，并取消其外部轮廓。

图7-1　绘制的脸部外形

图7-2　绘制的头发外形

03 在脸部上方绘制刘海对象，为其填充与头发对象相同的渐变色，并按如图7-3所示调整渐变的边界和角度，然后取消其外部轮廓。

04 在刘海的右上角绘制如图7-4所示的对象，为其填充与头发对象相同的渐变色，并按图中所示调整渐变的边界和角度，然后取消其外部轮廓，以表现此处的一簇头发。

图7-3 绘制的刘海

图7-4 绘制的一簇头发

05 在头部绘制如图**7-5**所示的发夹对象，为其填充从（C:89、M:4、Y:0、K:0）到（C:92、M:27、Y:3、K:0）的线性渐变色，并取消其外部轮廓。

06 在发夹对象上绘制如图**7-6**所示的发光对象，将其填充为"白色"，并取消外部轮廓。

图7-5 绘制的发夹对象

图7-6 绘制的发光对象

07 然后为发光对象应用开始透明度为**77**的标准透明效果，以表现发夹的反光效果，如图**7-7**所示。

08 在脸部右边绘制如图**7-8**所示的一簇头发外形。

图7-7 发夹的反光效果

图7-8 绘制的一簇头发外形

09 为步骤**08**绘制的一簇头发填充与头发对象相同的渐变色，并取消其外部轮廓，如图**7-9**所示。

10 绘制女郎身上的衣服外形，为其填充从（C:89、M:4、Y:0、K:0）到（C:92、M:27、Y:3、K:0）的线性渐变色，并取消其外部轮廓，如图**7-10**所示。

图7-9 一簇头发的填充效果

图7-10 绘制的衣服外形

11 绘制右边的衣袖外形，为其填充与衣服对象相同的渐变色，并按如图**7-11**所示调整渐变的边界和角度。

12 然后取消衣袖外形的外部轮廓，再将其调整到脸部对象的下方，如图**7-12**所示。

图7-11　绘制的右边衣袖外形

图7-12　调整对象的排列顺序

13 绘制女郎左腿的长裤外形，为其填充与衣服对象相同的渐变色，并按如图**7-13**所示调整渐变的边界和角度，然后取消其外部轮廓。

14 按如图**7-14**所示绘制女郎右腿的长裤外形，同样为其填充与衣服对象相同的渐变色。

15 将右腿长裤调整到最下层，并按如图**7-15**所示调整渐变的边界和角度，再取消其外部轮廓。

图7-13　绘制的左腿长裤外形

图7-14　绘制的右腿长裤外形

图7-15　长裤效果

16 在脸部下方绘制如图**7-16**所示的颈部对象，将其颜色填充为（C:1、M:24、Y:41、K:0），并取消其外部轮廓。

17 执行"排列→顺序→置于此对象后"命令，将颈部对象置于右边衣袖对象的下方，如图**7-17**所示。

图7-16　绘制的颈部对象

图7-17　调整对象的排列顺序

18 绘制如图**7-18**所示的左手对象，将其颜色填充为（C:3、M:16、Y:23、K:0），并取消其外部轮廓。

19 然后将左手对象调整到衣服对象的下方，如图**7-19**所示。

图7-18　绘制的左手对象

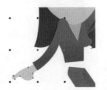

图7-19　调整对象的排列顺序

20 绘制如图7-20所示的右手对象，为其填充0%（C:3、M:16、Y:23、K:0）、54%（C:3、M:9、Y:14、K:0）、100%（C:2、M:22、Y:31、K:0）的线性渐变色，并取消其外部轮廓。

21 然后将右手对象调整到右边衣袖对象的下方，如图7-21所示。

图7-20　绘制的右手对象

图7-21　调整右手对象的排列顺序

22 在右手手腕上绘制如图**7-22**所示的护腕对象，为其填充与衣服对象相同的渐变色，并按图中所示调整渐变的边界和角度，然后取消其外部轮廓。

23 绘制如图**7-23**所示的腰部外形，将其颜色填充为（C:1、M:24、Y:41、K:0），并取消其外部轮廓。

24 然后将腰部外形调整到衣服对象的下方，如图7-24所示。

图7-22　绘制护腕对象

图7-23　绘制的腰部外形

图7-24　调整腰部位置

25 绘制如图**7-25**所示的高跟鞋对象，将其填充为"黑色"，并取消其外部轮廓。

26 绘制如图**7-26**所示的鞋底对象，为其填充70%（黑色），并取消其外部轮廓。

图7-25　绘制的高跟鞋外形

图7-26　绘制的鞋底

27 将绘制好的高跟鞋对象群组，并复制一份，然后与长裤对象按如图7-27所示进行排列组合。

图7-27　鞋子与长裤的组合效果

28 选择两只高跟鞋对象，然后按Shift+PageDown组合键将其调整到最下层，完成女郎大致外形的绘制，如图7-28所示。

图7-28　女郎的大致外形

13.3.2　刻画人物细节

01 绘制如图7-29所示的眼球对象，将其填充为"白色"。

图7-29　绘制的眼球对象

02 绘制如图7-30所示的瞳孔对象，为其填充从（C:73、M:42、Y:31、K:17）到"黑色"的线性渐变色，并取消其外部轮廓。

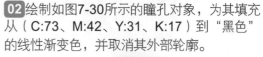

图7-30　绘制的瞳孔对象

03 在瞳孔对象上绘制如图7-31所示的"黑色"椭圆和"白色"圆形，并取消它们的外部轮廓，以表现瞳孔中的反射光效果。

图7-31　绘制瞳孔中的反射光

04 绘制如图7-32所示的眼睫毛外形，将其填充为"黑色"，并取消其外部轮廓。

图7-32　绘制的眼睫毛对象

05 绘制如图7-33所示的上眼皮对象，为其填充从"白色"到（C:4、M:24、Y:38、K:0）的线性渐变色，并取消其外部轮廓。

06 然后将上眼皮对象调整到眼睫毛对象的下方，以表现眼影效果，如图7-34所示。

07 按照绘制左眼的方法绘制女郎的右眼，效果如图7-35所示。

图7-33　绘制的上眼皮对象

图7-34　绘制的眼影效果

图7-35　绘制的右眼

08 将绘制好的双眼移动到女郎脸部，并调整到适当的大小，如图7-36所示。

图7-36　女郎的双眼效果

09 选择双眼对象，将其调整到头发对象的下方，如图7-37所示。

图7-37　调整眼睛对象的位置

10 按如图7-38所示绘制女郎的鼻子和嘴巴，将鼻子对象的颜色填充为（C:3、M:30、Y:65、K:0），嘴巴对象填充为从（C:19、M:67、Y:67、K:6）到（C:9、M:71、Y:67、K:2）的线性渐变色，并取消它们的外部轮廓。

11 在女郎脸部绘制如图7-39所示的两个圆形，将它们的颜色填充为（C:1、M:37、Y:36、K:0），并取消其外部轮廓，然后为它们应用开始透明度为63的标准透明效果，以表现女郎脸部的腮红。

图7-38　绘制的鼻子和嘴巴效果

图7-39　绘制的腮红效果

12 将右边的腮红对象调整到头发对象的下方，如图7-40所示。

13 在头发上绘制如图7-41所示的两个阴影对象，将它们的颜色填充为（C:81、M:77、Y:76、K:79），并取消其外部轮廓。

图7-40　调整腮红对象的位置

图7-41　绘制头发上的阴影对象

14 为头发上的阴影对象应用开始透明度为50的标准透明效果，然后调整到右边衣袖对象的下方，如图7-42所示。

15 在颈部绘制如图7-43所示的对象，将其颜色填充为（C:2、M:36、Y:73、K:0），并取消其外部轮廓。

图7-42　头发上的阴影效果

图7-43　绘制的颈部阴影对象

16 将颈部阴影对象调整到右边衣袖对象的下方，以表现颈部的阴影，如图7-44所示。

17 在衣服对象上绘制如图7-45所示的两个阴影对象，将它们的颜色填充为（C:89、M:36、Y:5、K:0），并取消其外部轮廓。

图7-44　颈部的阴影效果

图7-45　绘制衣服上的阴影对象

18 为左边的阴影对象应用开始透明度为36的标准透明效果，并为右边的阴影对象应用开始透明度为65的标准透明效果，如图7-46所示。

19 在长裤上绘制如图7-47所示的受光对象，将其填充为"白色"，并取消其外部轮廓。

图7-46　衣服上的阴影效果

图7-47　绘制的受光对象

20 为受光对象应用开始透明度为66的标准透明效果，以表现长裤上的受光效果，如图7-48所示。

21 在裤腰处绘制如图7-49所示的"白色"对象，以表现女郎腰部的装饰腰带效果。

图7-48　长裤上的受光效果

图7-49　绘制的装饰腰带对象

22 选择星形工具 ，在属性栏中设置星形的边数为8、锐度为85，然后绘制如图7-50所示的星形。

23 选择星形对象，按Ctrl+Q组合键，将其转换为曲线，然后使用形状工具拖动对应的边角，将其编辑为如图7-51所示的形状。

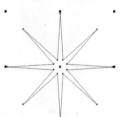

图7-50　绘制的星形

图7-51　编辑形状后的星形

24 将编辑后的星形填充为"白色"，并取消其外部轮廓，然后移动到女郎的头顶，并按如图7-52所示调整其大小，以表现女郎头顶的一缕灯光效果。

25 使用贝塞尔工具随意绘制具有不规则外形的3个绒花对象，将左边的绒花对象的颜色填充为（C:2、M:94、Y:36、K:0），右边的两个对象的颜色填充为（C:3、M:91、Y:27、K:0），并取消它们的外部轮廓，如图7-53所示。

图7-52　女郎头顶的星光效果

图7-53　绘制的绒花对象

26 将绘制好的3个绒花对象按照如图7-54所示的效果与女郎造型组合，以形成女郎手舞绒花带的效果。

图7-54　组合绒花对象与女郎造型

27 继续绘制如图7-55所示的3个绒花对象，然后按照从左向右的排列顺序将绒花对象的颜色分别填充为（C:5、M:96、Y:22、K:0）、（C:1、M:96、Y:41、K:0）和（C:2、M:95、Y:35、K:0）。

图7-55　绘制另外3个绒花对象

28 将这3个绒花对象按如图7-56所示放置在步骤27绘制的绒花上。

图7-56　与绒花对象组合的效果

29 取消绒花对象的外部轮廓，如图7-57所示。

图7-57　完成后的绒花带效果

30 在女郎的左手处绘制如图7-58所示的阴影对象，将其颜色填充为（C:1、M:29、Y:55、K:0）。取消其外部轮廓，然后将其调整到最下层。

图7-58　绘制左手处的阴影

31 至此，摩登女郎造型即绘制完成，如图7-59所示。

图7-59　完成后的摩登女郎造型

13.3.3 绘制背景

01 绘制如图7-60所示的圆形，将其颜色填充为（C:4、M:2、Y:85、K:0），并取消其外部轮廓。

图7-60 绘制的圆形

02 选择步骤01绘制的圆形，按Ctrl键将其向下移动到适当的位置，在释放鼠标左键之前按下鼠标右键，将圆形复制到指定的位置上，如图7-61所示。

图7-61 将圆形复制到指定的位置

03 在不执行其他任何操作的情况下，连续按Ctrl+D组合键，按指定的距离和角度再制圆形，得到如图7-62所示的效果。

图7-62 圆形垂直方向上的再制效果

04 选择复制的所有圆形，然后将它们水平复制到如图7-63所示的位置。

图7-63 将圆形水平复制到指定的位置

05 连续按Ctrl+D组合键，得到如图7-64所示的再制效果。

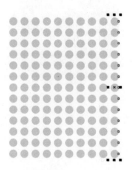

图7-64 圆形在水平方向上的再制效果

06 绘制如图7-65所示的背景椭圆形，为其填充0%（C:15、M:29、Y:58、K:4）、13%（C:20、M:47、Y:98、K:7）、27%（C:13、M:36、Y:92、K:3）、45%（C:11、M:30、Y:76、K:2）、80%（C:9、M:24、Y:60、K:1）、100%（C:29、M:51、Y:93、K:18）的线性渐变色。

图7-65 绘制的背景椭圆形

07 将绘制好的所有圆形对象群组，然后移动到背景椭圆形上，并调整到如图7-66所示的大小。

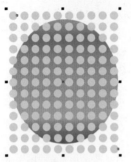

图7-66　圆形对象的大小

09 绘制如图7-68所示的矩形，为其填充从（C:25、M:33、Y:98、K:11）到（C:43、M:55、Y:94、K:40）的线性渐变色。

图7-68　绘制的矩形

11 将绘制好的摩登女郎对象群组，移动到背景椭圆中，并调整到如图7-70所示的大小和位置。

图7-70　背景上的摩登女郎造型

08 将圆形对象精确剪裁到背景椭圆形中，完成后的效果如图7-67所示。

图7-67　圆形的精确剪裁效果

10 取消矩形的外部轮廓，然后将其精确剪裁到背景椭圆中，完成后的效果如图7-69所示。

图7-69　矩形的精确剪裁效果

12 在背景中的矩形对象上添加相应的文字，完成本实例的制作，效果如图7-71所示。

图7-71　完成后的插画效果

举一反三 | 卡通徽标

　　打开光盘\源文件与素材\第7章\源文件\卡通徽标.cdr文件，如图7-72所示，然后利用贝塞尔工具、形状工具、星形工具、基本形状工具、椭圆形工具、文本工具、"轮廓笔"对话框、"复制"和"修剪"命令制作该文件中的卡通徽标效果。

图7-72　卡通徽标效果

绘制女孩的基本外形　刻画女孩的头部和脸部细节　绘制衣服上的花边　完成后的女孩造型

绘制徽标中的飘带　　　绘制心形背景　　　　绘制文字　　　组合文字与翅膀

◎ 关键技术要点 ◎

01 绘制此卡通徽标的方法与案例13中绘制卡通版摩登女郎的方法基本相同，首先需要绘制出女孩的大致外形，然后对女孩的头发和脸部细节进行刻画，在刻画时，只需要对各个对象填充均匀色，并把握好对象的基本形状即可。

02 在制作徽标上的艺术文字时，首先使用文本工具输入所需的文字内容，然后将文字转换为曲线，并使用形状工具将文字编辑为所需的字形即可。

03 在为文字边缘添加轮廓时，首先为文字添加一个白色的轮廓，并设置适当的轮廓宽度，注意在设置轮廓属性时，需要在"轮廓笔"对话框中选择圆角类型，并选中"后台填充"复选框，然后将该文字复制，并调整到下一层，再将该文字中的轮廓转换为对象，最后再为该对象添加一个与文字颜色形同的轮廓即可。

CorelDRAW X4

Example

14

● ● ● ●

超现实版人物造型

在进行动漫创作时，如在设计科幻类动漫中的人物造型时，会设计一些超乎常规、外形怪异的造型，这就是超现实主义风格。在创作这类造型时，需要有足够丰富的联想空间、大胆的创作思维以及无限的创意，再加上娴熟的电脑合成技术，才能设计出让人出奇又具艺术表现性的作品。

...绘制左脸

...绘制右眼

...绘制项链

...绘制耳环

...绘制头发

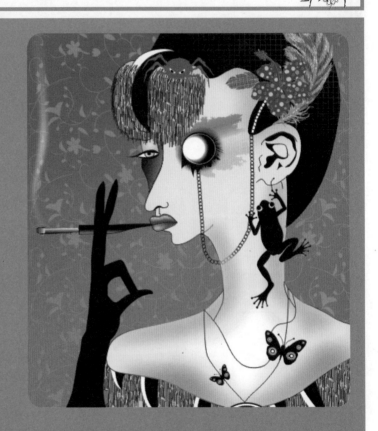

14.1　效果展示

原始文件：Chapter 7\Example 14\超现实版人物造型.cdr
最终效果：Chapter 7\Example 14\超现实版人物造型.jpg
学习指数：★★★★

本实例绘制的是一个造型独特、装扮怪异的城市新新女性造型。从人物面部的独特刻画到头部装饰物的超寻常装扮，向大家展现了部分现代成熟女性追求新颖、时尚、个性的心理特征，同时也间接地讽刺了这类女性精神扭曲、思想变态、内心空虚的病态心理。

14.2　技术点睛

本实例中的人物造型看似复杂，但使用的绘图方法和软件功能都与前面绘制的实例基本相同。因此，读者只要掌握了基本的绘图方法就可以举一反三，绘制出各种不同风格类型的作品。

在绘制本实例时，读者应注意以下几个操作环节。

（1）人物的基本外形还是通过使用贝塞尔工具绘制而成的。在刻画人物的左脸时，脸上的颗粒效果是通过将对象转换为位图，再为位图应用"添加杂点"效果来制作完成的。

（2）在绘制人物的右眼眼眶时，空洞的眼眶效果是通过为对象填充射线渐变色而完成的；眼睫毛效果是通过使用贝塞尔工具和艺术笔工具绘制而成的；具有柔和边缘且带有颗粒的眼眶阴影是通过将对象转换为位图，并将位图作高斯式模糊处理，再为其添加杂点而得到的。

（3）在绘制嘴唇时，需要使用交互式网格工具对嘴唇对象进行填色处理，以突出嘴唇的立体感。

（4）人物头发上类似草堆的装饰物是通过使用手绘工具在对应的对象上绘制线条后得到的。注意，绘制的线条应按一定顺序呈竖式排列，这样使草堆效果更为逼真。

（5）在绘制烟杆时，烟头上被点着的效果是通过为对象填充相应的线性渐变色，并使用粗糙笔刷工具对烟头对象的边缘进行模糊处理后得到的。

14.3　步骤详解

制作本实例将通过两个部分来完成。首先绘制超现实版的人物造型，然后为该造型绘制一个带花纹纹理的背景，以衬托主体人物造型。下面一起来完成本实例的制作。

14.3.1　绘制人物造型

01 使用贝塞尔工具绘制人物的基本外形，将其颜色填充为（C:3、M:4、Y:7、K:0），并为外部轮廓设置适当的轮廓宽度，如图**7-73**所示。

02 使用贝塞尔工具在人物的基本外形上绘制曲线，以表现人物的脸部和颈部轮廓，如图7-74所示。

图7-73　绘制的人物基本外形

图7-74　绘制的脸部和颈部轮廓

03 在人物颈部绘制如图7-75所示的曲线，以表现项链效果。

图7-75　绘制的项链

04 绘制如图7-76所示的头发对象，将其填充为"黑色"，并取消其外部轮廓。

图7-76　绘制的头发对象

05 绘制额头处的两簇头发，将它们的颜色填充为（C:5、M:8、Y:31、K:0），如图7-77所示。

图7-77　绘制额头处的头发对象

06 将左边的一簇头发对象调整到最下层，并取消右边一簇头发对象的外部轮廓，如图7-78所示。

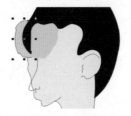

图7-78　调整对象的排列顺序

07 在两簇头发之间绘制如图7-79所示的对象，并将其填充为"白色"。

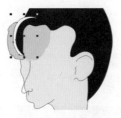

图7-79　绘制的对象

08 绘制如图7-80所示的鼻子对象，将其颜色填充为（C:3、M:4、Y:9、K:0），并取消其外部轮廓。

图7-80　绘制的鼻子对象

09 将鼻子对象调整到鼻子轮廓的下方，如图7-81所示。

图7-81　调整对象的排列顺序

10 绘制如图7-82所示的两片嘴唇对象，将它们填充为"红色"，并为嘴唇对象设置适当的轮廓宽度。

图7-82　绘制的嘴唇对象

11 绘制如图7-83所示的眼珠对象，为其填充从（C:16、M:9、Y:9、K:0）到（C:5、M:2、Y:3、K:0）的射线渐变色，并设置适当的轮廓宽度。

图7-83　绘制的眼珠对象

12 在眼珠中绘制如图7-84所示的椭圆形瞳孔对象，将其填充为"黑色"。

图7-84　绘制的瞳孔

13 在眼珠的上下方绘制如图7-85所示的眼睫毛对象，将它们填充为"黑色"。

图7-85　绘制的眼睫毛

14 在眼睫毛上绘制如图7-86所示的白色对象，取消其外部轮廓。

图7-86　绘制的白色对象

15 将步骤14绘制的白色对象调整到眼珠对象的下方，作为眼睛的眼球部分，如图7-87所示。

图7-87　眼睛的眼球效果

16 将绘制好的眼睛对象群组，然后移动到人物脸上如图7-88所示的位置，并调整到适当的大小。

图7-88　人物的眼睛效果

17 在眼睛上方绘制如图7-89所示的上眼皮对象，为其填充从（C:16、M:9、Y:9、K:0）到（C:16、M:9、Y:9、K:0）的射线渐变色，并取消其外部轮廓。

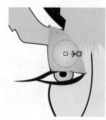

图7-89　绘制的上眼皮对象

18 将上眼皮对象调整到头发对象的下方，如图7-90所示。

图7-90　调整对象的排列顺序

19 绘制如图7-91所示的对象，将它们填充为"黑色"，并取消其外部轮廓，以表现耳朵上的轮廓效果。

图7-91　绘制的耳朵轮廓对象

20 继续在耳朵上绘制如图7-92所示的对象，将其颜色填充为（C:3、M:4、Y:9、K:0），对耳朵轮廓进行进一步的刻画。

21 在鼻子左侧绘制如图7-93所示的对象，为其填充从"黑色"到30%（黑色）的线性渐变色。

图7-92 耳朵上的轮廓效果

图7-93 绘制的左脸对象

22 将左脸对象调整到眼睛和头发对象的下方，以表现左脸上的皮肤色调，如图**7-94**所示。

23 选择步骤22绘制的对象，执行"位图→转换为位图"命令，在弹出的对话框中设置适当的分辨率，并选中"透明背景"复选框，然后单击"确定"按钮，将其转换为位图，如图**7-95**所示。

图7-94 调整对象的排列顺序

图7-95 将对象转换为位图

24 执行"位图→杂点→添加杂点"命令，在弹出的对话框中按如图**7-96**所示设置选项参数。

25 单击"确定"按钮，得到如图**7-97**所示的杂点效果。

图7-96 "添加杂点"对话框

图7-97 添加的杂点效果

26 选择上嘴唇对象，使用交互式网格填充工具为其创建如图**7-98**所示的填充网格。

27 使用交互式网格填充工具选择如图**7-99**所示的网格节点，将它们的颜色填充为（C:0、M:100、Y:100、K:34）。

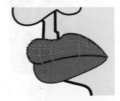

图7-98 创建的填充网格

图7-99 网格节点的填色效果

28 选择如图**7-100**所示的网格节点，将它们的颜色填充为（C:0、M:15、Y:12、K:0）。

29 选择如图**7-101**所示的网格节点，将它们的颜色填充为（C:0、M:35、Y:29、K:0）。

图7-100　所选网格节点的填充效果

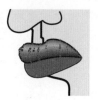

图7-101　所选网格节点的填充效果

30 选择如图**7-102**所示的网格节点，将它们的颜色填充为（C:0、M:82、Y:82、K:25）。

31 选择上嘴唇左上角的网格节点，将其填充为"白色"，如图**7-103**所示。

图7-102　所选网格节点的填充效果

图7-103　所选网格节点的填充效果

32 此时，填充后的上嘴唇效果如图**7-104**所示。

33 选择下嘴唇对象，使用交互式网格填充工具为其创建如图**7-105**所示的填充网格。

图7-104　填充后的上嘴唇效果

图7-105　创建的填充网格

34 选择如图**7-106**所示的网格节点，将它们的颜色填充为（C:0、M:22、Y:15、K:0）。

35 选择如图**7-107**所示的网格节点，将它们的颜色填充为（C:0、M:100、Y:100、K:30）。

图7-106　所选网格节点的填充效果

图7-107　所选网格节点的填充效果

36 选择下嘴唇左下角处的网格节点，将它们的颜色填充为（C:0、M:100、Y:100、K:10），填色后的嘴唇效果如图**7-108**所示。

37 在鼻子下方轮廓处绘制如图**7-109**所示的对象，将其填充为"黑色"，并取消其外部轮廓，以表现鼻孔效果。

图7-108　填色后的嘴唇效果

图7-109　绘制的鼻孔

38 导入光盘\源文件与素材\第7章\素材\素材.cdr文件，将如图7-110所示的素材对象移动到人物右脸上的适当位置，并调整到适当的大小，然后为其填充0%（C:0、M:35、Y:100、K:0）、18%（C:0、M:55、Y:100、K:0）、42%（C:0、M:7、Y:25、K:0）、66%和100%（C:0、M:10、Y:80、K:0）的线性渐变色，作为右眼处的彩妆效果。

39 在彩妆上绘制如图7-111所示的对象，将其填充为"黑色"。

图7-110　右眼处的彩妆效果

40 将步骤39绘制的对象转换为位图，然后执行"位图→模糊→高斯式模糊"命令，为该对象应用半径值为20的高斯式模糊效果，以表现右眼处的阴影，如图7-112所示。

图7-111　绘制的对象

图7-112　模糊参数设置及对象的模糊效果

41 执行"位图→杂点→添加杂点"命令，在弹出的对话框中按如图7-113所示设置选项参数。

42 单击"确定"按钮，得到如图7-114所示的杂点效果。

图7-113　"添加杂点"对话框

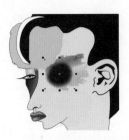

图7-114　添加的杂点效果

43 为添加杂点后的对象应用开始透明度为20的标准透明效果，如图7-115所示。

44 绘制如图7-116所示的"黑色"和"白色"椭圆形对象，取消它们的外部轮廓，以表现眼眶效果。

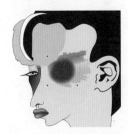

图7-115　杂点对象的透明效果

图7-116　绘制的眼眶对象

45 复制其中一个眼眶对象，并适当缩小其大小，然后为其填充0%和39%（黑色）、57%和100%（白色）的射线渐变色，以表现空洞的眼睛效果，如图7-117所示。

图7-117 空洞的眼睛效果

46 结合使用贝塞尔工具和艺术笔工具绘制如图7-118所示的眼睫毛对象。

47 将眼睫毛填充为"黑色"，然后将其调整到眼睛阴影对象的下方，如图7-119所示。

图7-118 绘制的眼睫毛对象

图7-119 调整眼睫毛的排列顺序

48 绘制如图7-120所示的矩形，为其设置适当的轮廓宽度，无填充色。

49 使用形状工具将矩形编辑为如图7-121所示的圆角矩形。

50 对其进行复制并排列，以制作金属链的效果，如图7-122所示。

图7-120 绘制的矩形　图7-121 编辑后的圆角矩形

图7-122 矩形的组合效果

51 将圆角矩形排列组合后的最终效果如图7-123所示。

52 将绘制好的金属链对象移动到右眼下方如图7-124所示的位置，并调整到适当的大小，然后将位于头发上的金属链对象填充为白色。

图7-123 制作的金属链效果

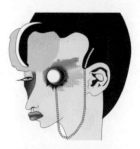

图7-124 金属链效果

53 选择图纸工具 ，在属性栏中将图纸的行数和列数都设置为50，如图7-125所示。

图7-125 设置图纸的行数和列数

54 在工作区中按住**Ctrl**键绘制如图**7-126**所示的图纸，并将图纸对象的轮廓色设置为（C:11、M:12、Y:18、K:0），无填充色。

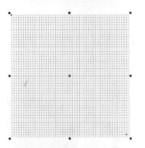

图7-126　绘制的图纸

56 按住**Alt**键使用挑选工具单击头发对象，选择位于下一层的头发对象，然后按**Ctrl+PageUp**组合键将其调整到上一层，再使用交互式透明工具为其应用如图**7-128**所示的线性透明效果。

图7-128　对象的透明效果

58 将绘制的所有线条对象群组，然后移动到额头右边的一簇头发对象上，效果如图**7-130**所示。

图7-130　头发上的线条效果

60 将前面导入的蜘蛛、花朵和羽毛素材移动到人物头发上，并按如图**7-132**所示分别调整它们的大小和位置，以增强头发的装饰效果，体现独特的另类风格。

55 选择人物头顶的头发对象，按+键将其复制。将绘制好的图纸对象精确剪裁到复制的头发对象中，并调整图纸在头发对象中的大小，效果如图**7-127**所示。

图7-127　图纸的精确剪裁效果

57 使用手绘工具在工作区中的空白区域内绘制如图**7-129**所示的线条，将所有线条的轮廓色设置为（C:0、M:20、Y:20、K:90）。

图7-129　绘制竖式排列的线条

59 使用同样的方法在另外一簇头发对象上绘制如图**7-131**所示的线条组合，以表现头发上类似草堆的效果。

图7-131　绘制另一簇头发上的线条

61 在人物头部绘制如图**7-133**所示的对象，将其颜色填充为（C:11、M:12、Y:18、K:0），并取消其外部轮廓。

图7-132 添加的装饰图案

图7-133 绘制的对象

62 将步骤61绘制的对象转换为位图，并对其进行高斯式模糊处理，效果如图**7-134**所示。

63 将模糊后的对象调整到头发对象的下方，如图**7-135**所示。

图7-134 对象的模糊处理

图7-135 调整对象的排列顺序

64 在人物颈部和肩膀上绘制如图**7-136**所示的阴影对象，将它们的颜色填充为（C:11、M:15、Y:25、K:0），并取消其外部轮廓。

65 将这两个对象转换为位图，并对其进行高斯式模糊处理，效果如图**7-137**所示。

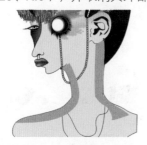

图7-136 绘制的阴影对象

图7-137 对象的模糊效果

66 使用形状工具将步骤65制作的阴影对象进行如图**7-138**所示的裁剪。

67 使用形状工具将步骤66制作的阴影对象进行如图**7-139**所示的裁剪。

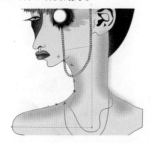

图7-138 裁剪左边的阴影对象

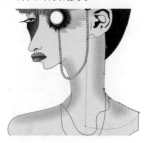

图7-139 裁剪右边的阴影对象

68 将位于人物外形以外的部分阴影裁剪掉。选择项链对象，将它们调整到最上层，如图**7-140**所示。

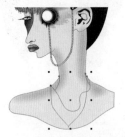

图7-140　调整项链对象的排列顺序

70 将衣服对象调整到最下层，如图**7-142**所示。

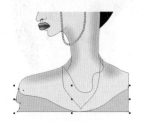

图7-142　调整对象到最下层

72 将排列后的线条对象群组，然后精确剪裁到衣服对象中，效果如图**7-144**所示。

图7-144　线条对象的精确剪裁效果

74 将黑白纹理调整到人物基本外形的下一层，如图**7-146**所示。

图7-146　调整对象的排列顺序

69 在人物肩膀下方绘制如图**7-141**所示的衣服对象，将其颜色填充为（C:5、M:8、Y:31、K:0）。

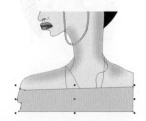

图7-141　绘制的衣服对象

71 将人物额头处头发对象上的线条对象复制到衣服对象上，并按如图**7-143**所示进行排列。

图7-143　复制并排列线条对象

73 在衣服对象上绘制如图**7-145**所示的黑白纹理。

图7-145　绘制的黑白纹理

75 将前面导入的蝴蝶素材移动到项链上，作为项链上的装饰物，然后将圆形图案素材移动到项链的底端，作为项链的吊坠，如图**7-147**所示。

图7-147　项链的修饰效果

76 绘制如图**7-148**所示的两个对象，将上方的对象的颜色填充为"白色"，下方的对象的颜色填充为（C:11、M:12、Y:22、K:2），取消它们的外部轮廓。

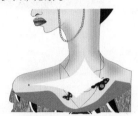

图7-148 绘制的对象

77 将步骤**76**绘制的对象调整到项链的下方，如图**7-149**所示。

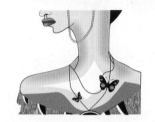

图7-149 调整对象的排列顺序

78 将这两个对象转换为位图，并对它们进行高斯式模糊处理，以表现此处的阴影效果，如图**7-150**所示。

图7-150 对象的模糊效果

79 在耳朵上绘制耳环的挂钩，设置适当的轮廓宽度，如图**7-151**所示。

图7-151 绘制的耳环挂钩

80 将前面导入的素材文件中的青蛙对象移动到人物上，并按如图**7-152**所示调整其大小和位置，作为耳朵上的耳环。

图7-152 耳环效果

81 在人物左侧绘制如图**7-153**所示的手形对象，将其填充为"黑色"，并取消其外部轮廓。

图7-153 绘制的手形对象

82 绘制如图**7-154**所示的烟头对象，为其填充从（C:25、M:100、Y:98、K:0）到"白色"的线性渐变色，以表现烟头燃烧着的效果。

图7-154 绘制的烟头对象

83 绘制如图**7-155**所示的烟身对象，为其填充从"黑色"到10%（黑色）的线性渐变色。

图7-155 绘制的烟身对象

84 绘制如图**7-156**所示的烟杆对象，同样为其填充从"黑色"到10%（黑色）的线性渐变色。

图7-156 绘制的烟杆对象

86 使用粗糙笔刷工具 将对象边缘编辑为如图**7-158**所示的粗糙形状。

87 选择烟头和烟身对象，将它们转换为位图，然后执行"位图→杂点→添加杂点"命令，在弹出的对话框中按如图**7-159**所示设置选项参数。

图7-158 烟头边缘的粗糙处理效果

88 单击"确定"按钮，得到如图**7-160**所示的杂点效果。

89 将绘制的烟对象群组，然后按如图**7-161**所示调整其大小和位置，以表现人物吸烟的动作效果。

图7-160 添加杂点后的效果

85 将绘制的烟头、烟身和烟杆对象按如图**7-157**所示进行组合，然后选择烟头对象。

图7-157 烟头、烟身和烟杆对象的组合效果

图7-159 "添加杂点"对话框

图7-161 人物吸烟的效果

14.3.2 绘制插画中的背景

01 绘制如图**7-162**所示的背景矩形，为其填充0%（C:61、M:40、Y:65、K:10）、44%（C:30、M:8、Y:28、K:20）、100%（C:48、M:19、Y:41、K:5）的线性渐变色，并取消其外部轮廓。

图7-162 绘制的背景矩形

02 将前面导入的花纹素材移动到背景矩形上，并将花纹的填充色和轮廓色都设置为（C:5、M:20、Y:50、K:15），然后调整对象到适当的大小，如图**7-163**所示。

图7-163 背景上的花纹效果

03 选择背景矩形对象,将其复制,然后按Ctrl+PageUp组合键将复制的矩形调整到上一层,如图7-164所示。

图7-164 复制并修改颜色后的矩形

04 修改矩形渐变颜色参数为0%和37%(C:30、M:8、Y:28、K:20)、100%(C:30、M:8、Y:35、K:15),再为该矩形应用如图7-165所示的线性透明效果。

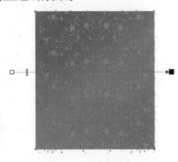

图7-165 矩形的透明效果

05 将绘制好的人物对象群组,然后移动到背景上,并按如图7-166所示调整其大小和位置。

图7-166 人物在背景上的效果

06 绘制如图7-167所示的烟雾对象,将其填充为"白色"。

图7-167 绘制的烟雾对象

07 为烟雾对象应用如图7-168所示的线性透明效果,透明控制点上的颜色设置为0%、70%(黑色)、36%、30%(黑色)、100%(黑色)。

图7-168 烟雾对象的透明效果

08 将烟雾对象转换为位图,然后对其进行高斯式模糊处理,得到如图7-169所示的烟雾效果。

图7-169 烟雾效果

09 将绘制好的人物和背景对象群组，然后绘制一个与背景相同大小的矩形，再将绘制的插画精确剪裁到该矩形中，效果如图7-170所示。

图7-170 完成后的插画效果

现代绘画透视着重研究和应用的是线性透视，而线性透视的重点是焦点透视，它具有较完整、系统的理论和不同的作图方法。下面介绍几种绘图的透视方法。

- **纵透视**：在平面上将离视者远的物体画在离视者近的物体上面。在儿童画中也很容易看到，所有物体都放置在一个平面上，物体没有近、大、远、小的区别，只是通过物体的高低位置来体现透视感。现代很多画家也经常使用这种方法，描绘出的世界往往带给我们特别的感受。

- **斜透视**：离视者远的物体沿斜轴线向上延伸。在清明上河图中，明显可以看到这样的表现手法。这里不同于焦点透视中的斜透视。

- **重叠法**：又称遮挡法，前景物体在后景物体之上，利用前面的物体部分遮挡后面的物体来表现空间感。在儿童画中，小朋友们往往采用混合式的绘画空间来表现他们对世界的认知，而主要的空间表现方式就是"左右上下关系"和"部分遮挡关系"。同时，遮挡法也让在有限的画面内表现更多内容成为可能。

- **近大远小法**：将远的物体画得比近处的同等物体小，这也是现代线性透视学的重要理论基础。

- **近缩法**：在同一个物体上，为了防止由于近部正常透视太大而遮挡远部的表现，因此有意缩小近部，以求得完整的画面效果。

- **空气透视法**：由于空气的阻隔，空气中稀薄的杂质造成物体距离越远，看上去形象越模糊，所谓"远人无目，远水无波"，部分原因就在于此。同时，存在着另外一种色彩现象，由于空气中蕴含水汽，在一定距离之外物体偏蓝，距离越远偏蓝的倾向越明显，这也可归于色彩透视法。

- **色彩透视法**：因为空气阻隔，同样颜色的物体距离近则色彩鲜明，距离远则色彩灰淡。

- **环形透视**：特点是不固定视点，视点在围绕对象做环形运动，因而能把对象的各个侧面及背面做全方位的展示，这种环形透视在传统民间美术中是最为常见的。

- **透明透视**：是所描绘的对象内外重叠或前后重叠，互不遮挡。

- **散点透视**：不同于焦点透视只描绘一只眼固定一个方向所见的景物，它的焦点不是一个而是多个。视点的组织方式并无焦点，而是有一群与画面同样宽的分散的视点群。画面与视点群之间是无数与画面垂直的平行视线，形成画面的每个部分都是平视的效果。

举一反三 | 蔬菜女孩

在绘图时，虽然应用到的绘图方法都大同小异，但要更为快捷地绘制好理想中的图形，就需要在不断的绘图实践中掌握更多的绘图技巧，以达到事半功倍的效果。

打开光盘\源文件与素材\第7章\源文件\蔬菜女孩.cdr文件，如图7-171所示，利用贝塞尔工具、形状工具、文本工具、修剪功能、"将轮廓转换为对象"命令和"图框精确剪裁"命令制作插画效果。

图7-171　蔬菜女孩插画效果

绘制女孩的大致外形　　刻画手部轮廓　　刻画脸部细节和头发　　刻画衣服

绘制围裙　　绘制手镯　　刻画长裤并绘制鞋子　绘制筷子并添加人物投影

○ 关键技术要点 ○

01 在绘制手指以及各部位的阴影对象时，采用复制对象再进行修剪的方式进行绘制，这样阴影对象和源对象对应的边缘才会完全重叠。

02 在为衣服添加图案时，可以先在衣服上确定好图案的大小和位置，再将图案精确剪裁到不同的衣服对象中，这样相对于先将图案精确剪裁到衣服中后再排列图案要更便于操作，同时，可以更直观地查看画面的整体效果。

03 在绘制手镯时，两个面的手镯对象是通过绘制两个椭圆，再分别使用其中一个椭圆修剪另一个椭圆后得到的。手镯中用于表现光泽的线条是通过精确剪裁的方法置入到手镯对象中的。

读书笔记

第8章

The 8th Chapter

绘制写实类人物插画

写实类绘画是一种具象的绘画表现手法。设计者通过对物体的观察和描摹将通过视觉观察到的物体外观具象地绘制出来，达到与物体大致相似的绘画效果。要达到较为逼真的写实效果，除了需要设计者细心的观察外，最重要的还是设计者良好的绘画功底和造型能力。

Example

15

时尚女孩

下面通过绘制一个写实风格的时尚女孩造型，使读者掌握绘制这类写实人物的方法和技巧，同时，使读者掌握绘制反光材质物件的表现方法。

...头部轮廓

...身体轮廓

...绘制帽子

...绘制五官

...绘制衣饰

15.1　效果展示

原始文件：Chapter 8\Example 15\时尚女孩.cdr

最终效果：Chapter 8\Example 15\时尚女孩.jpg

学习指数：★★★★

本实例中绘制的女孩有着漂亮的外表、时尚的装扮和洒脱的气质。在绘制这类写实风格的人物形象时，如何通过图形的组合和色彩的应用活灵活现地展现出女孩的完美造型是绘画过程中必须要时刻把握的重点。

15.2　技术点睛

在绘制这类写实风格人物形象时，只要把握好人物各部分的比例、基本外形以及对人物各部分细节的表现方法和技巧，通过应用前面所学的绘图知识，就能将该插画轻松地绘制出来。

在绘制本实例时，读者应注意以下几个操作环节。

（1）在绘制帽子上的装饰图案时，首先绘制出图案的大致外形，然后通过圆形的组合和星形的点缀展现装饰图案中带反光的材质效果。

（2）在绘制女孩耳朵上的耳环效果时，首先绘制出最小的一个椭圆形，然后在原位置复制该椭圆形，并通过调整复制得到椭圆形的宽度，通过重复这一系列操作，即可轻松绘制出该耳环效果。

（3）在绘制项链时，首先绘制出项链中的一个金属片对象，并为其填充相应的线性渐变色，再复制并排列复制所得的对象，最后分别调整各个对象中的渐变色的角度，即可得到反光强烈的项链效果。

（4）在绘制衣服上的圆形反光布料效果时，首先绘制相应的椭圆形并进行组合排列，然后将所有椭圆形焊接为一个对象，再为焊接后的对象填充相应的线性渐变色即可。

15.3　步骤详解

绘制本实例的过程将分为3个部分。首先绘制出女孩的大致外观形状，以确定人物各部分的比例；然后对女孩进行细节刻画，得到较为写实的女孩形象；最后为女孩造型添加背景，以丰富画面并起到突出主体形象的效果。下面一起来完成本实例的制作。

15.3.1　绘制女孩的大致外形

01 使用贝塞尔工具绘制女孩的脸部外形，将其颜色填充为（C:0、M:51、Y:82、K:0），并取消其外部轮廓，如图8-1所示。

02 绘制女孩的左耳外形，将其颜色填充为（C:2、M:65、Y:88、K:0），并取消其外部轮廓，如图8-2所示。

图8-1　绘制的脸部外形

图8-2　绘制的左耳外形

03 绘制女孩颈部和身体部位外形，为它们填充与脸部外形相同的颜色，并取消其外部轮廓，如图8-3所示。

图8-3　绘制的颈部和身体部位外形

05 绘制女孩的左手外形，为其填充从（C:2、M:42、Y:58、K:0）到（C:2、M:35、Y:49、K:0）的线性渐变色，并取消其外部轮廓，如图8-5所示。

图8-5　绘制的左手外形

07 绘制如图8-7所示的右腿外形，为其填充与左腿相同的颜色。

图8-7　绘制右腿外形

04 绘制女孩的右手外形，同样为其填充与脸部外形相同的颜色，并取消其外部轮廓，如图8-4所示。

图8-4　绘制的右手外形

06 将绘制好的左手对象移动到如图8-6所示的位置，并调整到适当的大小。

图8-6　左手与手臂的组合效果

08 将右腿调整到最下层，并取消其外部轮廓，如图8-8所示。

图8-8　调整对象的排列顺序

15.3.2　对女孩进行细部刻画

01 绘制如图8-9所示的头发对象，为其填充0%（C:20、M:11、Y:4、K:0）、48%（白色）、100%（C:20、M:11、Y:4、K:0）的线性渐变色，并取消其外部轮廓。

02 绘制如图8-10所示的头发对象，为其填充0%（C:20、M:11、Y:4、K:0）、48%（白色）、100%（C:36、M:26、Y:4、K:0）的线性渐变色，并取消其外部轮廓。

图8-9　绘制的头发对象

图8-10　绘制的头发对象

03 绘制如图8-11所示的头发对象，为其填充0%（C:20、M:11、Y:4、K:0）、48%和100%（白色）的线性渐变色，并取消其外部轮廓。

04 绘制如图8-12所示的头发对象，为其填充0%（C:38、M:27、Y:2、K:0）、48%（C:20、M:11、Y:4、K:0）、100%（C:45、M:31、Y:4、K:0）的线性渐变色，并取消其外部轮廓。

图8-11　绘制的头发对象

图8-12　绘制的头发对象

05 将步骤04绘制的对象调整到其他头发对象的下层，如图8-13所示。

06 绘制如图8-14所示的头发对象，为其填充0%（C:47、M:29、Y:4、K:0）、48%（C:20、M:11、Y:4、K:0）、100%（C:40、M:31、Y:3、K:0）的线性渐变色，并取消其外部轮廓。

图8-13　调整对象的排列顺序

图8-14　绘制的头发对象

07 将步骤06绘制的头发对象调整到右手对象的下方，如图8-15所示。

08 绘制如图8-16所示的头发对象，为其填充0%（C:20、M:11、Y:4、K:0）、48%和100%（白色）的线性渐变色，并取消其外部轮廓。

图8-15　调整头发对象的排列顺序

图8-16　绘制的头发对象

09 在女孩脸部右边绘制如图8-17所示的头发对象，将其颜色填充为（C:33、M:22、Y:3、K:0），并取消其外部轮廓。

图8-17　头发对象的填充效果

11 绘制如图8-19所示的帽檐对象，为其填充0%（C:95、M:34、Y:0、K:0）、48%（C:47、M:0、Y:3、K:0）、100%（C:95、M:34、Y:0、K:0）的线性渐变色，并取消其外部轮廓。

图8-19　绘制的帽檐对象

13 在帽檐上绘制如图8-21所示的两个对象，将其颜色填充为（C:91、M:45、Y:9、K:0），并取消它们的外部轮廓。

图8-21　绘制的对象

15 绘制如图8-23所示的帽顶对象，为其填充0%（C:90、M:0、Y:0、K:0）、48%（C:26、M:0、Y:3、K:0）、100%（C:80、M:0、Y:0、K:0）的线性渐变色，并取消其外部轮廓。

10 将步骤07和步骤08中绘制的头发对象调整到右手对象的下方，如图8-18所示。

图8-18　调整头发对象的排列顺序

12 复制步骤11绘制的帽檐对象，将其向下移动适当的距离，然后使用形状工具调整其形状，并修改其填充色为0%（C:90、M:12、Y:0、K:0）、48%（C:74、M:0、Y:0、K:0）、100%（C:93、M:13、Y:0、K:0）的线性渐变色，如图8-20所示。

图8-20　修改填充色后的帽檐效果

14 为步骤13绘制的两个对象应用开始透明度为81的标准透明效果，以表现帽檐上的明暗层次，如图8-22所示。

图8-22　帽檐上的明暗层次

图8-23　绘制的帽顶对象

16 将帽顶对象调整到帽檐对象的下方，如图8-24所示。

17 绘制帽顶上的阴影对象，将其颜色填充为（C:91、M:45、Y:9、K:0），并取消其外部轮廓，如图8-25所示。

18 为帽顶上的阴影对象应用开始透明度为81的标准透明效果，如图8-26所示。

图8-24 调整帽顶对象的排列顺序

图8-25 绘制帽顶上的阴影

图8-26 阴影对象的透明效果

19 按照使用贝塞尔工具绘制曲线轮廓，并为轮廓设置适当的轮廓宽度，然后将轮廓转换为对象，再使用形状工具调整对象形状的方法，绘制帽檐内部边缘处的阴影对象，如图8-27所示。

20 为帽檐内部边缘处的阴影对象应用开始透明度为68的标准透明效果，如图8-28所示。

图8-27 绘制帽檐内部边缘处的阴影

图8-28 帽檐内部边缘处的阴影对象的透明效果

21 选择右手对象，将其调整到帽子对象的上方，如图8-29所示。

22 绘制如图8-30所示的对象，将其颜色填充为（C:80、M:14、Y:5、K:0），并取消其外部轮廓，然后为其应用开始透明度为50的标准透明效果。

图8-29 调整右手对象的排列顺序

图8-30 绘制的对象

23 复制步骤22绘制的对象，将其适当缩小，并修改其填充色为（C:84、M:13、Y:1、K:0），如图8-31所示。

24 绘制如图8-32所示的两个椭圆形，将大的椭圆形填充为"黑色"，小的椭圆形的颜色填充为（C:96、M:71、Y:15、K:0），并取消它们的外部轮廓。

图8-31 修改填充色后的效果

图8-32 绘制的椭圆形对象

25 将这两个椭圆形对象群组，然后按如图8-33所示进行排列。

26 使用绘制并复制圆形的方法，在步骤23绘制的对象上绘制圆形，将圆形填充为"白色"，并取消它们的外部轮廓，如图8-34所示。

图8-33 椭圆形对象的排列效果

图8-34 绘制的圆形

27 将绘制好的装饰图案移动到帽子上，调整到适当的大小，如图8-35所示。

28 使用星形工具绘制如图8-36所示的四边星形，将星形的锐度设置为92。

图8-35 帽子上的装饰图案

图8-36 绘制的星形

29 按+键复制星形，并将星形的锐度设置为85，然后将其适当缩小，并填充为"白色"，如图8-37所示。

30 选择大的星形，将其填充为"白色"，并为其应用开始透明度为50的标准透明效果，如图8-38所示。

图8-37 缩小并修改锐度后的星形

图8-38 星形效果

31 在星形上绘制如图8-39所示的圆形，将其填充为"白色"，并为其应用开始透明度为50的标准透明效果。

32 将步骤31绘制的圆形转换为位图，并对其进行高斯式模糊处理，以表现星光的光晕效果，如图8-40所示。

图8-39 绘制的圆形

图8-40 圆形的模糊效果

33 将绘制好的星光对象群组，然后移动到帽子装饰图案上，按如图8-41所示调整其大小和角度，以表现装饰图案上的光泽效果。

34 绘制如图8-42所示的眼球对象。

图8-41　帽子装饰图案上的光泽效果

图8-42　绘制的眼球对象

35 将眼球对像填充为"白色"。绘制如图8-43所示的瞳孔对象，将其颜色填充为（C:96、M:71、Y:15、K:0），并取消其外部轮廓，然后为其应用开始透明度为20的标准透明效果。

36 继续绘制如图8-44所示的瞳孔对象，为其填充从（C:34、M:62、Y:58、K:28）到（C:18、M:31、Y:33、K:4）的线性渐变色，并取消其外部轮廓。

图8-43　绘制的瞳孔对象

图8-44　绘制的瞳孔对象

37 为瞳孔对象应用开始透明度为20的标准透明效果，如图8-45所示。

38 在瞳孔对象上绘制如图8-46所示的3个椭圆形。将大的椭圆的颜色填充为（C:65、M:94、Y:93、K:29），小的两个椭圆形填充为"白色"。

图8-45　瞳孔对象的透明效果

图8-46　绘制的3个椭圆形

39 分别为两个小的椭圆形应用开始透明度为19和58的标准透明效果，然后取消它们的外部轮廓，如图8-47所示。

40 绘制如图8-48所示的眼睫毛对象，将其颜色填充为（C:65、M:94、Y:93、K:29），并取消其外部轮廓。

图8-47　白色椭圆形的透明效果

图8-48　绘制的眼睫毛

41 绘制如图8-49所示的下眼睑对象，将其颜色填充为（C:40、M:78、Y:100、K:3），并取消其外部轮廓。

42 选择眼球对象，取消其外部轮廓，如图8-50所示。

图8-49　绘制的下眼睑对象

图8-50　取消眼球对象的外部轮廓

43 绘制如图8-51所示的眼影对象，为其填充0%（C:5、M:7、Y:2、K:0）、50%（白色）、100%（C:9、M:15、Y:0、K:0）的线性渐变色，并取消其外部轮廓，然后为其应用开始透明度为26的标准透明效果。

图8-51　绘制的眼影效果

44 按照绘制左眼的方法绘制女孩的右眼，如图8-52所示。

图8-52　绘制的右眼

45 分别将左眼和右眼对象群组，移动到女孩脸部的适当位置，并调整到适当的大小，如图8-53所示。

图8-53　女孩的眼睛效果

46 将眼睛对象调整到头发对象的下方，如图8-54所示。

图8-54　调整眼睛对象的排列顺序

47 绘制如图8-55所示的眉毛对象，将它们的颜色填充为（C:53、M:95、Y:98、K:11），并取消其外部轮廓。

图8-55　绘制的眉毛对象

48 将眉毛对象调整到头发对象的下方，如图8-56所示。

图8-56　调整眉毛对象的排列顺序

49 在女孩脸部绘制如图8-57所示的鼻子对象，将鼻梁对象的颜色填充为（C:9、M:99、Y:95、K:0），并为其应用开始透明度为66的标准透明效果；将鼻头对象的颜色填充为（C:16、M:99、Y:96、K:0），并为其应用开始透明度为47的标准透明效果，然后取消它们的外部轮廓。

图8-57　绘制的鼻子对象效果

50 绘制如图8-58所示的上嘴唇对象，为其填充从（C:2、M:56、Y:52、K:0）到（C:0、M:57、Y:47、K:0）的线性渐变色，并取消其外部轮廓。

图8-58　绘制的上嘴唇对象

52 在上下嘴唇之间绘制如图8-60所示的嘴部轮廓，将其颜色填充为（C:47、M:99、Y:97、K:7），并为其应用开始透明度为38的标准透明效果。

图8-60　绘制嘴唇之间的轮廓

54 在下嘴唇上绘制如图8-62所示的白色和深红色对象，深红色对象的颜色参数为（C:15、M:100、Y:97、K:0）。

图8-62　绘制的反光对象

56 将绘制好的嘴巴对象群组，然后移动到女孩脸部，并调整到适当的大小，如图8-64所示。

图8-64　女孩的嘴巴效果

58 为腮红对象应用开始透明度为55的标准透明效果，以表现女孩脸上的腮红，如图8-66所示。

51 绘制如图8-59所示的下嘴唇对象，为其填充与上嘴唇相同的颜色，并取消其外部轮廓。

图8-59　绘制的下嘴唇对象

53 在嘴唇轮廓上绘制如图8-61所示的"白色"对象，以表现女孩笑着时露出的牙齿效果。

图8-61　绘制的露出牙齿效果

55 为步骤54绘制的白色和深红色对象分别应用开始透明度为25和64的标准透明效果，以表现嘴唇上的反光，如图8-63所示。

图8-63　嘴唇上的反光效果

57 在女孩的腮帮上绘制如图8-65所示的两个对象，为它们填充从（C:2、M:42、Y:62、K:0）到（C:2、M:55、Y:76、K:0）的线性渐变色，并取消其外部轮廓。

图8-65　绘制的腮红对象

59 选择左边的腮红对象，将其调整到眼睛对象的下方，如图8-67所示。

图8-66 女孩脸上的腮红效果

图8-67 调整腮红对象的排列顺序

60 在女孩脸部绘制如图8-68所示的对象，将其颜色填充为（C:9、M:99、Y:95、K:0），并取消其外部轮廓。

61 为步骤60绘制的对象应用开始透明度为70的标准透明效果，如图8-69所示。

图8-68 绘制的对象

图8-69 对象的透明效果

62 将步骤61绘制的对象调整到头发对象的下方，以表现脸部的投影，如图8-70所示。

63 在左边的头发上绘制如图8-71所示的阴影对象。

图8-70 脸部的阴影效果

图8-71 绘制的头发上的阴影对象

64 将头发上的阴影对象的颜色填充为（C:33、M:22、Y:3、K:0），并取消其外部轮廓，然后将其调整到帽子对象的下方，如图8-72所示。

65 绘制如图8-73所示的对象，将其填充为"白色"，并取消其外部轮廓。

图8-72 调整阴影对象的排列顺序

图8-73 绘制的对象

66 将步骤65绘制的对象移动到如图8-74所示的位置，并调整到适当的大小。

67 在女孩颈部绘制如图8-75所示的阴影对象，将其颜色填充为（C:9、M:99、Y:95、K:0），并取消其外部轮廓。

图8-74 用于表现头发反光的对象效果

图8-75 绘制的阴影对象

68 将颈部阴影对象调整到脸部对象的下方，如图8-76所示。

69 为颈部阴影对象应用开始透明度为85的标准透明效果，如图8-77所示。

图8-76 调整颈部阴影对象的排列顺序

图8-77 颈部阴影对象的透明效果

70 继续在女孩颈部绘制如图8-78所示的阴影对象，将下巴处的阴影对象的颜色填充为（C:11、M:99、Y:95、K:0），锁骨处的阴影对象的颜色填充为（C:9、M:99、Y:95、K:0），并取消它们的外部轮廓。

71 分别为颈部和锁骨处的阴影对象应用标准透明效果，如图8-79所示。

图8-78 绘制的阴影对象

图8-79 对象的透明效果

72 将颈部和锁骨处的阴影对象调整到脸部对象的下方，如图8-80所示。

73 绘制如图8-81所示的衣服对象。

图8-80 调整对象的排列顺序

图8-81 绘制的衣服对象

74 将衣服对象填充为"黑色"。使用椭圆形工具并结合"复制"命令在衣服对象上绘制如图8-82所示的椭圆形。

图8-82　衣服上的椭圆形排列效果

76 将填色后的椭圆形对象精确剪裁到衣服对象中，完成后的效果如图8-84所示。

图8-84　椭圆形对象的精确剪裁效果

78 为衣服对象上的阴影对象应用开始透明度为52的标准透明效果，以表现衣服上的阴影，效果如图8-86所示。

图8-86　衣服上的阴影效果

80 复制步骤79绘制的椭圆形，并将复制的椭圆形按照如图8-88所示的效果排列。

图8-88　椭圆形的排列效果

75 选择这些椭圆形，单击属性栏中的"焊接"按钮，将它们焊接为一个对象，然后为焊接后的对象填充0%（C:33、M:36、Y:0、K:0）、36%（白色）、100%（C:29、M:2、Y:1、K:0）的线性渐变色，如图8-83所示。

图8-83　椭圆形对象的填色效果

77 在衣服对象上绘制如图8-85所示的阴影对象，将其颜色填充为（C:9、M:99、Y:95、K:0），并取消其外部轮廓。

图8-85　绘制的阴影对象

79 绘制如图8-87所示的椭圆形，为其填充0%（C:36、M:25、Y:20、K:6）、46%（白色）、100%（C:36、M:25、Y:20、K:6）的线性渐变色，并取消其外部轮廓。

图8-87　绘制的椭圆形

81 修改各个椭圆形对象中渐变色的角度和颜色点位置，如图8-89所示。

图8-89　调整各个对象的渐变色

82 将步骤81绘制好的椭圆形对象群组，然后移动到如图8-90所示的位置，并调整到适当的大小，以表现项链中的吊坠效果。

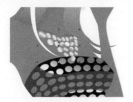

图8-90　项链的吊坠效果

83 在各个吊坠之间绘制线条，为线条设置适当的轮廓宽度，并将轮廓色设置为"白色"，以表现吊坠之间的连接效果，如图8-91所示。

图8-91　吊坠之间的连接效果

84 将帽子上的星光对象复制到项链和衣服对象上，按如图8-92所示进行排列。

图8-92　项链和衣服上的星光效果

85 绘制女孩身体和手部的阴影，将其颜色填充为（C:9、M:99、Y:95、K:0），如图8-93所示。

图8-93　绘制的阴影对象

86 取消身体和手部阴影对象的外部轮廓，然后为其应用开始透明度为79的标准透明效果，如图8-94所示。

图8-94　对象的透明效果

87 继续绘制如图8-95所示的阴影对象，同样将它们的颜色填充为（C:9、M:99、Y:95、K:0），并取消其外部轮廓。

图8-95　绘制的阴影对象

88 然后为它们应用开始透明度为84的标准透明效果，如图8-96所示。

图8-96　对象的透明效果

89 将身体和手部的阴影对象调整到衣服对象的下方，如图8-97所示。

图8-97　调整阴影对象的排列顺序

90 绘制如图8-98所示的椭圆形，为其填充与项链吊坠对象相同的线性渐变色，并取消其外部轮廓。

图8-98 绘制的椭圆形

91 在椭圆形上方绘制如图8-99所示的对象，同样为其填充与项链吊坠相同的颜色，并注意调整渐变色的边界和角度。

图8-99 绘制的装饰吊坠对象

92 将步骤91绘制的装饰对象群组，然后按如图8-100所示排列在衣服的边缘，以作为衣服底部边缘处的装饰吊坠。

图8-100 装饰吊坠的排列效果

93 将衣服上的星光对象复制到衣服的装饰吊坠上，按如图8-101所示进行排列。

图8-101 装饰吊坠上的星光效果

94 在左腿上绘制如图8-102所示的长裤对象。

图8-102 绘制的左腿长裤对象

95 将左腿长裤对象填充为"白色"。在长裤上绘制如图8-103所示的阴影对象，将其颜色填充为（C:69、M:87、Y:42、K:7），并取消其外部轮廓，然后为其应用开始透明度为88的标准透明效果。

图8-103 绘制长裤上的阴影

96 选择右腿对象，将其颜色填充为（C:13、M:16、Y:7、K:0），如图8-104所示。

图8-104 绘制的右腿长裤对象

97 在右腿上绘制如图8-105所示的阴影对象，并为其设置与左腿长裤阴影对象相同的填充色和透明效果。

图8-105 绘制长裤上的阴影

98 在右腿长裤上绘制如图8-106所示的阴影对象，将其颜色填充为（C:13、M:16、Y:7、K:0），并取消其外部轮廓。

图8-106　绘制右腿长裤上的阴影

100 绘制如图8-108所示的腰带对象，为其填充0%（C:36、M:25、Y:20、K:6）、46%（白色）、100%（C:36、M:25、Y:20、K:6）的线性渐变色，并取消其外部轮廓。

图8-108　绘制的腰带对象

102 绘制如图8-110所示的腰带装饰物外形，为其填充从0%（C:42、M:31、Y:24、K:9）、52%（C:42、M:31、Y:28、K:13）、100%（C:78、M:64、Y:42、K:45）的线性渐变色，并取消其外部轮廓。

103 复制步骤102绘制的对象，将其向右移动一定的距离，然后修改其填充色为0%（C:62、M:48、Y:30、K:16）、52%（C:29、M:20、Y:18、K:4）、100%（C:62、M:48、Y:30、K:16）的线性渐变色，如图8-111所示。

图8-111　复制并修改颜色后的对象

105 将步骤104绘制的圆形按照随机的方式复制，效果如图8-113所示。

99 选择左腿长裤对象，取消其外部轮廓，如图8-107所示。

图8-107　取消左腿长裤对象的外部轮廓

101 选择左手对象，将其调整到腰带对象的上方，如图8-109所示。

图8-109　调整左手对象的排列顺序

图8-110　绘制的腰带装饰物外形

104 绘制如图8-112所示的圆形，将它们填充为"黑色"和"白色"，为其中两个圆形应用开始透明度为50的标准透明效果。

图8-112　绘制的圆形

106 在装饰物上绘制如图8-114所示的对象，将其填充为"白色"，并为其应用开始透明度为75的标准透明效果，以表现装饰物上的反光。

图8-113 圆形的排列效果

图8-114 绘制的反光对象

107 将绘制好的腰带装饰物对象群组，然后移动到腰带上，按如图8-115所示调整其大小和位置。

108 将衣服上的星光对象复制到腰带装饰物上，效果如图8-116所示。

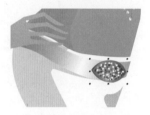

图8-115 腰带上的装饰物效果

图8-116 装饰物上的星光效果

109 绘制如图8-117所示的阴影对象，将其颜色填充为（C:9、M:99、Y:95、K:0），并取消其外部轮廓。

110 为步骤109绘制的阴影对象应用开始透明度为85的标准透明效果，并将其调整到衣服和裤子对象的下方，作为此处的阴影，如图8-118所示。

图8-117 绘制的阴影对象

图8-118 阴影效果

111 绘制如图8-119所示的椭圆形，将大的椭圆形的颜色填充为（C:11、M:99、Y:95、K:0），并为其应用开始透明度为71的标准透明效果。

112 将小的椭圆形的颜色填充为（C:34、M:100、Y:98、K:2），并为其应用开始透明度为55的标准透明效果，然后取消它们的外部轮廓，如图8-120所示。

图8-119 绘制的椭圆形对象

图8-120 椭圆形对象的透明效果

113 将步骤112绘制的椭圆形对象移动到女孩肚子上，以表现肚脐眼效果，如图8-121所示。

114 在女孩左手指上绘制如图8-122所示的指甲对象，将它们的颜色填充为（C:23、M:100、Y:97、K:0），并取消它们的外部轮廓。

图8-121 肚脐效果

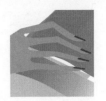

图8-122 绘制的指甲对象

115 在左手指上绘制如图8-123所示的对象，将其颜色填充为（C:51、M:98、Y:97、K:9），并取消其外部轮廓。

116 为步骤115绘制的对象应用开始透明度为75的标准透明效果，并将其调整到手指对象的下方，如图8-124所示。

图8-123 绘制的手部阴影对象

图8-124 调整手部阴影对象的排列顺序

117 绘制右手上的阴影对象，将其颜色填充为（C:3、M:69、Y:96、K:0），并取消其外部轮廓，如图8-125所示。

118 为右手上的阴影对象应用开始透明度为40的标准透明效果，并将其调整到衣服对象的下方，如图8-126所示。

图8-125 绘制右手阴影对象

图8-126 调整右手上阴影对象的排列顺序

119 在右手掌上绘制如图8-127所示的阴影对象，将其颜色填充为（C:3、M:69、Y:96、K:0），并取消其外部轮廓，然后为其应用开始透明度为40的标准透明效果。

120 绘制如图8-128所示的手指对象，将它们的颜色填充为（C:0、M:37、Y:60、K:0），并取消它们的外部轮廓。

图8-127 绘制手掌处的阴影

图8-128 绘制的手指对象

121 在手指上绘制如图8-129所示的指甲对象，将它们的颜色填充为（C:37、M:88、Y:100、K:2），并取消它们的外部轮廓。

122 绘制如图8-130所示的椭圆形轮廓，为轮廓设置适当的轮廓宽度。

图8-129　绘制的指甲对象

图8-130　绘制的椭圆形轮廓

123 复制椭圆形轮廓对象，放大其宽度，如图8-131所示。

124 继续复制椭圆形轮廓对象，再放大其宽度，效果如图8-132所示。

图8-131　复制并放大对象的宽度

图8-132　再次复制并放大对象的宽度

125 绘制如图8-133所示的椭圆形，为其填充从（C:88、M:58、Y:17、K:5）到（C:49、M:16、Y:4、K:0）的射线渐变色，并取消其外部轮廓。

126 在步骤125绘制的椭圆形上绘制如图8-134所示的两个椭圆形，将上方的椭圆形的颜色填充为（C:2、M:6、Y:35、K:0），下方的椭圆形的颜色填充为（C:100、M:100、Y:5、K:0），并取消它们的外部轮廓。

图8-133　绘制的椭圆形

图8-134　绘制的椭圆形

127 将前面绘制的椭圆形对象按照如图8-135所示的效果进行组合。

128 绘制如图8-136所示的对象，为其填充0%（C:36、M:25、Y:20、K:6）、46%（白色）、100%（C:36、M:25、Y:20、K:6）的线性渐变色，并注意调整渐变色的边界和角度，完成耳环效果的绘制。

图8-135　椭圆形对象的组合效果

图8-136　绘制的耳环效果

129 将绘制好的耳环对象群组，然后按如图8-137所示放置在女孩脸部两侧，并调整耳环对象的大小。

图8-137　女孩佩戴的耳环效果

131 在女孩的左手臂上绘制如图8-139所示的椭圆形组合，将它们填充为"白色"，并随机地为部分椭圆形对象应用不同程度的标准透明效果，以表现手臂上的装饰效果。

图8-139　绘制的手臂装饰效果

133 将步骤132绘制的对象转换为位图，并为其应用高斯式模糊效果，如图8-141所示。

图8-141　对象的模糊效果

135 将前面制作的星光对象复制到手臂装饰物上，效果如图8-143所示。

136 至此，一个时尚的女孩造型即绘制完成，如图8-144所示。

图8-143　手臂装饰物上的星光效果

130 将项链上的星光对象复制到左边的耳环上，按如图8-138所示调整星光的大小和位置。

图8-138　耳环上的星光效果

132 在左手臂上绘制如图8-140所示的对象，将其颜色填充为（C:2、M:28、Y:42、K:0），并取消其外部轮廓。

图8-140　绘制的对象

134 将模糊后的对象调整到手臂装饰物的下方，如图8-142所示。

图8-142　调整模糊对象的排列顺序

图8-144　完成后的女孩造型

15.3.3　为女孩造型添加背景

01 绘制如图8-145所示的背景矩形，为其填充从（C:100、M:100、Y:67、K:57）到（C:87、M:53、Y:23、K:0）的射线渐变色，并取消其外部轮廓。

02 导入光盘\源文件与素材\第8章\素材\背景图案.cdr文件，然后将其移动到背景矩形中，并按如图8-146所示调整其大小和位置。

图8-145　绘制的背景矩形

图8-146　背景中的图案效果

03 绘制如图8-147所示的4个白色对象，为它们应用开始透明度为86的标准透明效果。

04 取消4个白色对象的外部轮廓，以表现背景中的灯光效果，如图8-148所示。

图8-147　绘制的白色对象

图8-148　对象的透明效果

05 在背景灯光的顶部绘制如图8-149所示的4个白色圆形，并取消它们的外部轮廓，以此表现白色灯的效果。

06 复制其中一个圆形，并将复制的对象适当放大，然后将其转换为位图，再为其应用高斯式模糊效果，最后将模糊的对象分别复制到其他的白色圆形上，制作灯发散出的光晕效果，如图8-150所示。

图8-149　绘制白色的灯

图8-150　绘制灯发散的光晕效果

07 将女孩造型中的星光对象复制到背景画面中，按如图8-151所示进行排列。

08 将女孩造型中的所有对象群组，然后将其移动到背景画面中，按如图8-152所示调整其大小和位置。

09 绘制如图8-153所示的圆形，将其颜色填充为（C:100、M:40、Y:0、K:0），并取消其外部轮廓。

图8-151　背景中的星光效果　　图8-152　背景中的女孩造型　　　图8-153　绘制的圆形

10 将该圆形转换为位图，并为其应用高斯式模糊处理，效果如图8-154所示。

11 将圆形对象调整到女孩造型的下方，如图8-155所示。

12 绘制如图8-156所示的对象，将其颜色填充为（C:32、M:0、Y:10、K:0），并取消其外部轮廓。

图8-154　图形对象的模糊效果　　图8-155　调整对象的排列顺序　　图8-156　绘制的对象

13 将步骤12绘制的对象转换为位图并应用高斯式模糊处理，如图8-157所示。

14 将步骤12绘制的对象调整到步骤13制作的模糊对象的下方，如图8-158所示。

15 将背景画面和女孩造型对象群组，然后绘制一个与背景矩形相同大小的矩形，再将群组后的画面精确剪裁到该矩形中，完成本实例的制作，效果如图8-159所示。

图8-157　对象的模糊处理　　　图8-158　调整对象的排列顺序　　图8-159　完成的插画效果

举一反三 ｜ 美丽女孩 ｜

　　打开光盘\源文件与素材\第8章\源文件\美丽女孩.cdr文件，如图8-160所示，然后利用贝塞尔工具、形状工具、"轮廓笔"对话框、修剪功能、"将轮廓转换为对象"和"图框精确剪裁"命令绘制该文件中的美丽女孩形象。

图8-160　美丽女孩插画效果

绘制女孩的大致外形并着色

绘制头发

绘制帽子

组合对象

刻画脸部细节

● 关键技术要点 ●

01　在绘制女孩的大致外形时，将使用交互式网格填充工具为女孩的面部和颈部填充相应的颜色，使其产生淡彩绘画的效果。

02　在绘制头发时，首先绘制出不同层次上的头发对象，再根据不同部位的头发受光线影响的强弱填充不同深浅度的颜色，以突出头发的层次。另外，头发对象的外部轮廓将应用虚线的线条样式，以突出强调头发的边缘。

03　在绘制女孩的脸部细节时，读者只需要准确把握脸部各对象的外形，然后根据前面所学的绘制人物脸部细节的方法即可轻松完成人物形象的绘制。

CorelDRAW X4

Example
16

● ● ● ●

潇洒美女

下面通过绘制一个潇洒而漂亮的女孩形象，使读者进一步掌握绘制写实类人物造型的方法和技巧。

...头发外形

...绘制衣服

...绘制五官

...绘制饰物

...组合效果

16.1　效果展示

原始文件：Chapter 8\Example 16\潇洒美女.cdr

最终效果：Chapter 8\Example 16\潇洒美女.jpg

学习指数：★★★★

本实例中的女孩造型洒脱，飘逸带卷的长发配上简洁干脆的小西装和紧身裤，使女孩除了具有天生的女性柔美气质外，更增添了一份难得的阳刚之气，展现女孩直率、洒脱的气质。

16.2 技术点睛

本实例中的美女造型看似复杂，其实就是在平面的图形上通过绘制出对象上因受光线影响而产生的阴影和高光效果，来表现女孩造型中各部分丰富的细节，从而产生较为写实的绘画效果。

在绘制本实例时，读者应注意以下几个操作环节。

（1）在绘制美女头发时，首先绘制出头发的基本外形，并为头发对象添加一个黑色的外部轮廓，然后通过在头发对象上绘制阴影对象使头发产生丰富的层次效果。

（2）在绘制美女的衣服时，首先绘制出衣服和裤子的整体外形对象，然后通过在衣服对象上绘制高光和阴影对象以表现衣服布料的反光效果。通过在裤子部分绘制黑色的阴影对象来产生裤子上的褶皱效果。

（3）在绘制美女佩戴的装饰项链时，通过在项链对象上绘制白色的高光对象，以表现项链上的反光效果。

16.3 步骤详解

在绘制人物或动物造型时，都需要先绘制出人物或动物的大致外形，以确定人物或动物各部分的大致比例，然后再在基本外形的基础上对人物或动物的细节进行细致的刻画。绘制本实例的过程也将分为这两个部分，下面一起来完成本实例的制作。

16.3.1 绘制人物造型

01 绘制美女的脸部外形，将其颜色填充为（C:3、M:19、Y:33、K:0），如图8-161所示。

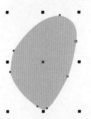

图8-161 绘制的脸部外形

02 使用贝塞尔工具和艺术笔工具中的"预设"笔刷绘制美女的头发外形，将其颜色填充为（C:15、M:94、Y:60、K:4），如图8-162所示。

图8-162 绘制的头发外形

03 绘制美女的耳朵和颈部对象，如图8-163所示，将它们的颜色填充为（C:2、M:27、Y:39、K:0），并取消其外部轮廓。

04 将耳朵和颈部对象调整到脸部对象的下方，如图8-164所示。

图8-163　绘制的耳朵和颈部对象

图8-164　耳朵和颈部效果

05 绘制如图8-165所示的外衣和裤子外形，将其颜色填充为（C:95、M:75、Y:38、K:36）。

06 将衣裤对象调整到头发对象的下方，如图8-166所示。

图8-165　绘制的衣裤外形

图8-166　调整对象的排列顺序

07 按如图8-167所示绘制外套内另一件衣服的外形。

08 将外套内的衣服的颜色填充为（C:2、M:65、Y:88、K:0），将其调整到外衣对象的下方，如图8-168所示。

图8-167　绘制另一件衣服的外形

图8-168　调整对象的排列顺序

09 选择颈部对象，将其调整到衣服外套对象的下方，如图8-169所示。

10 绘制左边衣袖和左手对象，将衣袖对象的颜色填充为（C:15、M:94、Y:60、K:4），手部对象的颜色填充为（C:3、M:19、Y:33、K:0），并取消它们的外部轮廓，如图8-170所示。

图8-169　调整颈部对象的排列顺序

图8-170　绘制左边衣袖和左手对象

11 绘制右边衣袖和右手对象，将它们分别填充为与左边衣袖和左手相同的颜色，并取消它们的外部轮廓，如图**8-171**所示。

12 将绘制好的右边衣袖和右手对象移动到如图**8-172**所示的位置，并调整到适当的大小。

图8-171　绘制右边衣袖和右手对象

图8-172　对象的组合效果

16.3.2　刻画人物细节

01 绘制如图**8-173**所示的左眼眼球对象，将其填充为"白色"。

02 绘制如图**8-174**所示的眼睫毛和下眼睑对象，将眼睫毛对象填充为"黑色"，下眼睑对象的颜色填充为（C:15、M:94、Y:60、K:4），并取消它们的外部轮廓。

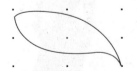

图8-173　绘制的眼球对象

图8-174　绘制的眼睫毛和下眼睑对象

03 绘制如图**8-175**所示的眼珠对象，将它们分别填充为"黑色"和"白色"。

图8-175　绘制的眼珠对象

04 绘制如图8-176所示的眉毛对象，将其颜色填充为（C:38、M:62、Y:94、K:36），并取消其外部轮廓。

图8-176 绘制的左眼效果

06 将绘制好的左眼和右眼对象分别群组，然后移动到美女脸上，按如图8-178所示调整对象的大小和位置。

图8-178 美女脸上的眼睛效果

08 绘制如图8-180所示的嘴唇对象，将上嘴唇的颜色填充为（C:14、M:93、Y:21、K:4），下嘴唇的颜色填充为（C:0、M:82、Y:31、K:0），并取消它们的外部轮廓。

图8-180 绘制的嘴唇对象

10 绘制如图8-182所示的牙齿外形，将其颜色填充为（C:29、M:20、Y:25、K:4），并取消其外部轮廓。

图8-182 绘制的牙齿外形

12 将绘制好的嘴巴对象群组，然后移动到美女脸上，按如图8-184所示调整其大小和位置。

05 按照绘制左眼的方法绘制美女的右眼，效果如图8-177所示。

图8-177 绘制的右眼效果

07 在美女脸上绘制如图8-179所示的鼻子对象，将其颜色填充为（C:23、M:51、Y:69、K:9），并取消其外部轮廓。

图8-179 绘制的鼻子效果

09 绘制上嘴唇与下嘴唇之间的轮廓外形，将它们的颜色分别填充为（C:29、M:93、Y:95、K:16）和（C:21、M:88、Y:76、K:7），并取消其外部轮廓，如图8-181所示。

图8-181 绘制嘴唇之间的轮廓外形

11 将牙齿对象调整到嘴唇外形对象的下方，如图8-183所示。

图8-183 调整牙齿对象的排列顺序

13 在耳朵对象上绘制如图8-185所示的轮廓外形，将其颜色填充为（C:6、M:42、Y:55、K:0），并取消其外部轮廓。

图8-184　美女的嘴巴效果

图8-185　绘制耳朵轮廓

14 将轮廓外形对象调整到头发对象的下方，如图8-186所示。

15 选择头发对象，为其添加"黑色"轮廓，并设置适当的轮廓宽度，如图8-187所示。

图8-186　调整对象的排列顺序

图8-187　头发对象的轮廓效果

16 在头发上绘制如图8-188所示的"黑色"阴影。

17 取消头发上阴影对象的外部轮廓，效果如图8-189所示。

图8-188　绘制的头发阴影对象

图8-189　头发的阴影效果

18 选择脸部对象，为其添加"黑色"外部轮廓，并设置适当的轮廓宽度，如图8-190所示。

19 在颈部绘制如图8-191所示的阴影对象，将其颜色填充为（C:6、M:42、Y:55、K:0），并取消其外部轮廓。

20 将阴影对象调整到脸部对象的下方，如图8-192所示。

图8-190　添加脸部对象的外部轮廓

图8-191　绘制的颈部阴影对象

图8-192　颈部的阴影效果

21 在衣服上绘制如图8-193所示的反光对象，将它们填充为"白色"，并取消其外部轮廓。

图8-193　绘制衣服上的反光效果

22 在衣服上绘制如图8-194所示的阴影对象，将它们填充为"黑色"，并取消其外部轮廓。

图8-194　绘制衣服上的阴影效果

23 在衣袖上绘制如图8-195所示的阴影和反光对象，将阴影对象的颜色填充为"黑色"，反光对象的颜色填充为（C:2、M:40、Y:0、K:0），并取消它们的外部轮廓。

图8-195　绘制衣袖上的阴影和反光

24 将右边衣袖上的阴影和反光对象调整到衣服外套的下方，如图8-196所示。

图8-196　调整对象的排列顺序

25 在里面的衣服上绘制如图8-197所示的对象，将它们的颜色填充为（C:2、M:40、Y:0、K:0），并取消其外部轮廓。

图8-197　绘制的褶皱对象

26 将褶皱对象调整到衣服外套的下方，以表现衣服上的褶皱效果，如图8-198所示。

图8-198　衣服上的褶皱效果

27 绘制如图8-199所示的对象，将它们填充为"黑色"，并取消其外部轮廓。

图8-199　绘制裤子上的褶皱对象

28 将裤子上的褶皱对象调整到手的下方，以表现裤子上的褶皱效果，如图8-200所示。

图8-200　裤子上的褶皱效果

29 绘制手上的阴影，将阴影对象的颜色填充为（C:5、M:38、Y:51、K:0），并取消其外部轮廓，如图8-201所示。

30 选择衣服外套对象，为其添加"黑色"轮廓，并设置适当的轮廓宽度，如图8-202所示。

图8-201 绘制手上的阴影

图8-202 添加外套对象的轮廓

31 在衣服底部绘制如图8-203所示的对象，分别将它们的颜色填充为"黑色"和（C:2、M:27、Y:39、K:0），并取消其外部轮廓。

32 将步骤31绘制的两个对象调整到衣服对象的下方，以表现此处的皮肤效果，如图8-204所示。

图8-203 绘制的对象

图8-204 调整对象的排列顺序

33 选择里面的衣服对象，为其添加"黑色"轮廓，并设置适当的轮廓宽度，如图8-205所示。

34 绘制如图8-206所示的装饰物对象，将其颜色填充为（C:93、M:42、Y:57、K:42），并取消其外部轮廓。

图8-205 添加里面衣服对象的轮廓

图8-206 绘制的装饰物对象

35 将装饰物对象移动到美女的胸前，并调整到适当的大小，以表现美女佩戴的挂饰效果，如图8-207所示。

36 在装饰物上绘制如图8-208所示的白色对象，取消这些对象的外部轮廓，以表现装饰物上的光泽效果。

图8-207 装饰物与美女对象的组合

图8-208 绘制装饰物上的光泽效果

37　在衣服上绘制如图8-209所示的线条轮廓，将线条的轮廓色设置为"白色"，并为不同的线条设置相应的轮廓宽度。

图8-209　绘制的装饰线条

39　使用同样的方法在裤子上绘制如图8-211所示的白色装饰线条。

图8-211　绘制的装饰线条

41　将完成后的美女对象群组，然后绘制如图8-213所示的矩形边框和放射状背景。

图8-213　绘制的背景画面

38　将线条调整到衣服外套的下方，如图8-210所示。

图8-210　调整线条的排列顺序

40　绘制如图8-212所示的圆形，以表现裤子上的装饰物效果。

图8-212　裤子上的装饰效果

42　将美女对象移动到背景上，并调整美女对象的大小，本实例制作完成，效果如图8-214所示。

图8-214　美女与背景的组合效果

举一反三 | 帅气男孩

打开光盘\源文件与素材\第8章\源文件\帅气男孩.cdr文件，如图8-215所示，然后利用贝塞尔工具、形状工具、矩形工具、"图框精确剪裁"命令、复制和再制功能制作文件中的帅气男孩形象。

图8-215　帅气男孩插画效果

绘制男孩的大致外形

刻画脸部细节

绘制皮肤上的阴影

绘制衣服上的褶皱

添加衣服上的花纹

为整个人物添加阴影

○ 关键技术要点 ○

01 人物皮肤上的阴影都是通过绘制不同颜色的色块来组成的，由于男孩的骨▮轮廓比女孩更为清晰，因此通过绘制这些阴影色块可以体现人物不同部位的轮廓外形，增强人物造型的逼真感。

02 在绘制男孩衣服和裤子上的褶皱时，读者可以通过镜子仔细观察自己衣服和裤子上的褶皱形状，然后在画面中的男孩衣服和裤子上绘制相应的褶皱对象，以达到自然的绘画效果。

03 在为整个人物添加阴影时，可以选择已经绘制好的人物造型，然后将其复制并解散所有对象的群组状态，再单击属性栏中的"创建围绕选定对象的新对象"按钮，按所有选定对象的整体外部边缘创建为一个新的对象，最后将该对象填充阴影颜色并移动到人物造型的下方。

☑ ☑ ☑ ☑ ☐

第9章

9

The 9th Chapter

▶▶▶

绘制卡通类插画

在进行动漫创作时，卡通版动物、人物和动画场景都将是创作的主体风格，卡通类插画大部分取材于人们日常生活中熟悉的人和事，因此常给人一种熟悉、可爱的感觉，使人倍感亲切。

○ 卡通版动物...284   ○ 情人节插画...301   ○ 酒吧场景...313

● ● ● ●

Example
17

卡通版动物

下面将通过绘制一个可爱的小熊和企鹅插画，使读者掌握绘制这类卡通版动物
造型的方法和表现技巧，同时使读者掌握更多的绘画技法。

...外部线条

...绘制头部

...绘制企鹅

...组合效果

...绘制楼宇

17.1 效果展示

原始文件：Chapter 9\Example 17\卡通版动物.cdr
最终效果：Chapter 9\Example 17\卡通版动物.jpg
学习指数：★★★★★

本实例中的小熊和企鹅造型以体现可爱为主，因
此，在面部细节的刻画上应注意对面部笑容的表
现。画面中月牙和星夜的衬托使整个画面更加丰
富，同时增加了些许的浪漫。

17.2 技术点睛

在绘制本实例时，读者应着重抓住对小熊和企鹅面部表情的刻画，这是绘制这类卡通版动物造型的重点。本实例中涉及的绘图知识和软件功能都是在前面的学习中应用过的，因此，读者可以很容易地绘制出本实例。通过本实例的学习，将加深读者对软件的熟练程度，并增强读者的造型能力。

在绘制本实例时，读者应注意以下几个操作环节。

（1）在绘制小熊和企鹅脸上的红晕时，首先使用椭圆形工具绘制出红晕对象，然后将红晕对象转换为位图，再为位图应用高斯式模糊处理即可。

（2）在绘制小熊的围巾时，首先绘制出围巾的基本外形，并选择一种颜色作为围巾的底色，然后绘制出围巾上其他的色块，再将绘制的色块精确剪裁到围巾对象中，并调整色块在围巾对象中的位置即可。

（3）企鹅眼睛下方的阴影效果是通过使用交互式阴影工具为对应的眼眶对象应用阴影效果而得到的。

（4）捕获网口处的圆环形是通过绘制两个对应的椭圆形，然后使用小的椭圆形来修剪大的椭圆形后得到的。

（5）在制作背景中具有立体感的文字时，第1步是使用文本工具输入所需的文字内容，然后通过"打散美术字"命令将文字打散，并分别调整各个文字的角度以及文字的间距；第2步是复制各个文字，并调整复制所得文字的颜色和位置，以制作文字的阴影效果；第3步是在各个文字上绘制反光对象，以增强文字的立体感。

17.3 步骤详解

绘制本实例的过程分为3个部分。首先绘制小熊造型，然后绘制企鹅造型，最后为小熊和企鹅造型添加夜空背景，并添加相应的文字和修饰图形，为画面赋予主题。下面一起来完成本实例的制作。

17.3.1 绘制小熊造型

01 使用贝塞尔工具绘制如图9-1所示的小熊头部外形，将其填充为"黑色"，并取消其外部轮廓。

图9-1　绘制的小熊头部外形

02 复制小熊头部外形对象，将复制的对象适当缩小，并使用形状工具将其调整到如图9-2所示的形状，然后修改其填充色为"白色"。

图9-2　复制并修改后的对象

04 绘制如图9-4所示的椭圆形，将其填充为"黑色"。

图9-4　绘制的椭圆形

06 将绘制好的眼睛对象群组，然后移动到小熊的头部，并按如图9-6所示进行排列。

图9-6　小熊头部的眼睛效果

08 绘制如图9-8所示的鼻子外形，为其填充从（C:20、M:0、Y:0、K:100）到（C:30、M:0、Y:10、K:60）的线性渐变色，并取消其外部轮廓。

图9-8　绘制的鼻子外形

10 将绘制好的鼻子对象移动到小熊的头部，并按如图9-10所示调整其大小和位置。

03 按照绘制小熊头部外形的方法绘制小熊其他部位的大致外形，如图9-3所示。

图9-3　绘制的小熊其他部位外形

05 在该对象上绘制如图9-5所示的椭圆形和月牙形，将它们填充为"白色"，并取消它们的外部轮廓，以表现小熊的眼睛效果。

图9-5　绘制的眼睛

07 在眼睛上方绘制如图9-7所示的眉毛对象，将它们填充为"黑色"。

图9-7　绘制的眉毛

09 在鼻子外形上绘制如图9-9所示的反光对象，将其颜色填充为（C:15、M:0、Y:10、K:50），并取消其外部轮廓。

图9-9　绘制鼻子上的反光

11 绘制小熊嘴部和鼻梁处的外形轮廓，将它们填充为"黑色"，并取消其外部轮廓，如图9-11所示。

图9-10 小熊的鼻子效果

图9-11 绘制嘴部和鼻梁处的外形轮廓

12 将小熊的鼻子对象调整到最上层，如图9-12所示。

13 绘制如图9-13所示的舌头对象，将其颜色填充为（C:0、M:40、Y:20、K:0），并取消其外部轮廓。

图9-12 调整鼻子对象的排列顺序

图9-13 绘制舌头对象

14 将舌头对象调整到嘴部轮廓外形的下方，如图9-14所示。

15 在小熊脸部绘制如图9-15所示的两个圆形对象，将它们的颜色填充为（C:0、M:21、Y:12、K:0），并取消其外部轮廓。

图9-14 调整舌头对象的排列顺序

图9-15 绘制的圆形对象

16 将两个圆形对象转换为位图，并对其进行高斯式模糊处理，以表现小熊脸部的红晕效果，如图9-16所示。

17 选择左边的红晕对象，然后使用形状工具将其编辑为如图9-17所示的形状，以隐藏多余的部分红晕。

图9-16 圆形对象的模糊效果

图9-17 编辑后的红晕效果

18 在小熊的左手指上绘制如图9-18所示的4个对象。

19 将步骤18绘制的4个对象填充为"黑色"，并取消其外部轮廓，以表现小熊手指头的外形轮廓，如图9-19所示。

图9-18　绘制的对象

图9-19　指头上的外形轮廓

20 在小熊的右手掌上绘制如图9-20所示的两个对象。

21 将步骤20绘制的两个对象填充为"黑色"，并取消其外部轮廓，以表现小熊右手掌上的外形轮廓，如图9-21所示。

图9-20　绘制的对象

图9-21　小熊右手掌上的外形轮廓

22 在小熊的各个部位上绘制对应的阴影对象，以增强该卡通造型的立体效果，如图9-22所示。

23 在小熊的脖子上绘制如图9-23所示的两个围巾对象。

图9-22　添加阴影效果

图9-23　绘制的围巾外形

24 将围巾填充为"黑色"，并取消其外部轮廓，如图9-24所示。

25 在围巾上绘制如图9-25所示的两个对象。

图9-24　对象的填色效果

图9-25　绘制的对象

26 将步骤25绘制的两个对象填充为"洋红色"，并取消其外部轮廓，如图9-26所示。

27 选择左边的两个围巾对象，然后按Ctrl+PageUp组合键，将它们调整到右边围巾对象的上方，如图9-27所示。

图9-26　围巾对象的填充效果

图9-27　调整左边围巾对象的排列顺序

28 绘制如图9-28所示的对象，将其填充为"黑色"。

29 在步骤28绘制的对象上绘制如图9-29所示的"白色"对象，并取消其外部轮廓，以此作为围巾上的图案效果。

图9-28　绘制的对象

图9-29　绘制的白色对象

30 将图案对象移动到左边部分的围巾上，按如图9-30所示进行排列。

31 在左边部分的围巾上绘制如图9-31所示的阴影对象，将其填充为"黑色"，并取消其外部轮廓。

图9-30　白色对象的排列效果

图9-31　绘制围巾上的阴影对象

32 为左边围巾上的阴影对象应用开始透明度为85的标准透明效果，如图9-32所示。

33 同时选择左边围巾上的图案和阴影对象，将它们群组，然后精确剪裁到对应的围巾对象中，完成效果如图9-33所示。

图9-32　对象的透明效果

图9-33　围巾对象中的精确剪裁效果

34 按照绘制左边围巾上的图案和阴影效果的方法，为右边的围巾对象绘制类似的图案和阴影效果，如图9-34所示。

图9-34　小熊脖子上的围巾效果

17.3.2 绘制企鹅造型

01 绘制企鹅的头部外形，将其填充为"黑色"，并取消其外部轮廓，如图9-35所示。

图9-35　绘制的企鹅头部外形

03 复制步骤02制作的"白色"对象，将复制后的对象的颜色填充为（C:100、M:30、Y:0、K:0），然后采用绘制源对象来修剪目标对象的方法将该对象修剪为如图9-37所示的形状，以表现企鹅脸部的外形。

图9-37　绘制的企鹅脸部外形

05 在企鹅肚子上绘制如图9-39所示的白色对象。

图9-39　绘制白色的肚子外形

07 绘制如图9-41所示的脚丫外形，将它们的颜色填充为（C:0、M:5、Y:100、K:0），并为两个对象设置适当的轮廓宽度。

图9-41　企鹅的脚丫外形

02 复制企鹅头部对象，将复制后的对象颜色修改为"白色"，然后将该对象适当缩小，并使用形状工具将其调整为如图9-36所示的形状。

图9-36　复制并调整后的对象

04 在企鹅头部下方绘制如图9-38所示的3个对象，将它们的颜色填充为（C:100、M:30、Y:0、K:0），并设置适当的轮廓宽度，以表现企鹅手部和身体部位的外形。

图9-38　绘制的手部和身体部位外形

06 设置与手部对象相同的轮廓属性，然后将该对象调整到手部对象的下方，如图9-40所示。

图9-40　调整手部对象的排列顺序

08 绘制如图9-42所示的左眼外形，将其填充为"白色"。

图9-42　绘制的眼睛外形

09 在眼睛外形上绘制如图9-43所示的瞳孔效果，将最大的圆形的颜色填充为（C:100、M:20、Y:0、K:0），最小的圆形填充为"白色"，中间位置的椭圆形填充为"黑色"，然后取消它们的外部轮廓。

图9-43 绘制的瞳孔效果

11 将绘制好的左眼对象移动到企鹅脸部的适当位置，并将左眼对象复制一份作为企鹅的右眼，然后使用形状工具调整右眼中眼睛外形的形状，如图9-45所示。

图9-45 企鹅的眼睛效果

13 绘制企鹅的嘴部形状，将其颜色填充为（C:0、M:31、Y:100、K:0），并设置适当的轮廓宽度，如图9-47所示。

图9-47 绘制的嘴部形状

15 使用交互式网格填充工具选择如图9-49所示的网格节点，将它们的颜色填充为（C:0、M:5、Y:100、K:0）。

图9-49 所选网格节点的填充效果

17 将步骤16选择的节点的颜色填充为（C:0、M:15、Y:100、K:0），如图9-51所示。

10 选择眼睛外形对象，取消其外部轮廓，然后使用交互式阴影工具为其应用如图9-44所示的阴影效果，并设置"阴影的不透明度"为30，"阴影羽化"为12。

图9-44 眼睛外形上的阴影效果

12 使用贝塞尔工具绘制企鹅的眉毛轮廓，并为轮廓设置适当的宽度，效果如图9-46所示。

图9-46 企鹅的眉毛效果

14 绘制企鹅的上嘴壳外形，为其填充与嘴部对象相同的颜色和轮廓属性，然后使用交互式网格填充工具为其创建如图9-48所示的填充网格。

图9-48 绘制上嘴壳对象并创建填充网格

16 框选如图9-50所示的网格节点。

图9-50 选择网格节点

18 选择如图9-52所示的网格节点，将其颜色填充为（C:0、M:15、Y:100、K:0）。

图9-51 所选网格节点的填充效果

图9-52 所选网格节点的填充效果

19 绘制嘴巴中的舌苔对象，将其颜色填充为（C:0、M:31、Y:30、K:0），并设置与嘴部外形相同的轮廓宽度，然后使用交互式网格填充工具为其创建如图9-53所示的填充网格。

20 选择如图9-54所示的网格节点，将其颜色填充为（C:0、M:9、Y:9、K:0）。

图9-53 绘制的舌苔对象

图9-54 所选网格节点的填充效果

21 在舌苔上绘制如图9-55所示的对象，将其颜色填充为（C:12、M:100、Y:100、K:0），并取消其外部轮廓，然后为其创建相应的填充网格。

22 选择如图9-56所示的网格节点，将其颜色填充为（C:43、M:100、Y:100、K:0）。

图9-55 绘制的对象和创建的填充网格

图9-56 所选网格节点的填充效果

23 选择舌苔和步骤21中绘制的对象，将它们调整到上嘴壳对象的下方，如图9-57所示。

24 在舌苔对象的两边绘制如图9-58所示的两个对象，将它们填充为"黄色"，并取消其外部轮廓。

25 将步骤24绘制的对象调整到舌苔对象的下方，以表现下嘴壳处的外形轮廓，如图9-59所示。

图9-57 调整对象的排列顺序

图9-58 绘制的对象

图9-59 下嘴壳处的外形轮廓

26 将绘制好的嘴巴对象群组，然后移动到企鹅脸上的适当位置，并调整到如图9-60所示的大小。

27 将嘴巴对象调整到眼睛对象的下方，如图9-61所示。

图9-60 企鹅的嘴巴效果

图9-61 调整嘴巴对象的排列顺序

28 按照绘制小熊脸上红晕的方法绘制企鹅脸上的红晕效果，如图9-62所示。

图9-62　绘制企鹅脸上的红晕

30 在椭圆形的左侧绘制如图9-64所示的蝴蝶结外形。

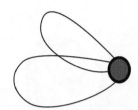

图9-64　绘制的蝴蝶结外形

32 复制蝴蝶结外形，将复制的对象填充为"红色"，并将它们分别缩小，如图9-66所示。

图9-66　复制并调整后的蝴蝶结对象

34 采用绘制并复制的方法在蝴蝶结对象上创建如图9-68所示的白色圆形，并取消它们的外部轮廓。

图9-68　绘制的圆形

37 将绘制好的蝴蝶结对象群组，然后移动到企鹅对象上，并按如图9-71所示调整其大小和位置。

29 绘制如图9-63所示的椭圆形，将其填充为"红色"，并为其设置适当的轮廓宽度。

图9-63　绘制的椭圆形

31 将蝴蝶结填充为"黑色"，并取消其外部轮廓，如图9-65所示。

图9-65　蝴蝶结对象的填充效果

33 选择下方的蝴蝶结对象，将它们调整到如图9-67所示的排列顺序。

图9-67　调整蝴蝶结对象的排列顺序

35 分别将白色圆形精确剪裁到对应的蝴蝶结对象中，得到如图9-69所示的蝴蝶结花纹效果。

图9-69　圆形的精确剪裁效果

36 将绘制的蝴蝶结对象复制到椭圆形的右边，并调整其角度，完成后的蝴蝶结效果如图9-70所示。

图9-70　完成后的蝴蝶结效果

38 选择企鹅的右手对象，将其调整到蝴蝶结对象的上方，如图9-72所示。

图9-71　企鹅身体上的蝴蝶结效果

图9-72　调整右手对象到上方

39 在企鹅肚子上绘制如图9-73所示的阴影对象，为其填充10%（黑色），并取消其外部轮廓。

40 将该阴影对象调整到右手对象的下方，如图9-74所示。

图9-73　绘制的阴影对象

图9-74　对象的排列顺序

41 在企鹅头部绘制如图9-75所示的对象。

42 将在头部绘制的对象填充为"黑色"，并取消其外部轮廓，以表现企鹅头部毛发的外形轮廓，如图9-76所示。

图9-75　绘制的对象

图9-76　毛发外形效果

43 绘制如图9-77所示的同心椭圆形，并使用中间的椭圆形修剪外部的椭圆形。

44 将修剪所得的圆环形填充为"黑色"，并取消其外部轮廓，如图9-78所示。

45 按照步骤43制作圆环的方法制作如图9-79所示的圆环，并将圆环对象的颜色填充为（C:5、M:40、Y:100、K:0）。

图9-77　绘制的同心椭圆形

图9-78　修剪所得的圆环对象

图9-79　制作的另一个圆环对象

46 绘制如图9-80所示的捕获网外形，将其填充为"青色"，并取消其外部轮廓。

图9-80　绘制的捕获网外形

48 复制捕获网对象，将复制的对象填充为"黑色"，将其适当放大，然后调整到下一层，使用形状工具将其编辑为如图9-82所示的形状。

图9-82　复制并调整后的对象效果

50 在捕获网的下方绘制如图9-84所示的支杆对象，为其填充从（C:44、M:80、Y:98、K:5）到（C:0、M:20、Y:100、K:0）的线性渐变色，注意调整好渐变的边界和角度，然后为该对象设置适当的轮廓宽度，完成捕获网的绘制。

51 将捕获网对象与前面绘制好的企鹅对象组合，效果如图9-85所示。

图9-85　组合捕获网与企鹅对象

53 同时选择蝴蝶结和左手对象，单击属性栏中的"修剪"按钮 对左手对象进行修剪，效果如图9-87所示。

47 将捕获网调整到圆环对象的下方，如图9-81所示。

图9-81　调整捕获网对象的排列顺序

49 在捕获网上绘制如图9-83所示的网状对象，将它们填充为"黑色"，然后将所有的捕获网对象群组。

图9-83　绘制的网状对象

图9-84　绘制捕获网的支杆

52 选择企鹅的左手对象，将其调整到最上层，如图9-86所示。

图9-86　将左手对象调整到上方

54 将绘制好的企鹅和小熊造型进行组合，效果如图9-88所示。

图9-87 左手对象的修剪效果

图9-88 企鹅与小熊造型的组合效果

55 单独选择捕获网对象，将其调整到小熊造型的下方，如图9-89所示。

56 绘制如图9-90所示的两个椭圆形。

图9-89 调整捕获网对象的排列顺序

图9-90 绘制的椭圆形

57 使用上方的椭圆形修剪下方的椭圆形，得到如图9-91所示的月牙形状。

58 将月牙对象填充为"黄色"，并为其设置适当的轮廓宽度，如图9-92所示。

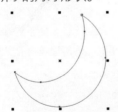

图9-91 修剪所得的月牙形状

图9-92 月牙对象的填充效果

59 复制绘制的月牙对象，将复制的对象的颜色填充为（C:0、M:20、Y:100、K:0），并取消其外部轮廓，然后采用绘制源文件来修剪目标对象的方法制作该对象上的阴影，效果如图9-93所示。

60 将组合好的企鹅和小熊造型移动到月牙对象上，并按如图9-94所示进行排列组合，然后将排列后的所有对象群组。

图9-93 月牙上的阴影效果

图9-94 各个造型的组合效果

17.3.3 为卡通造型添加背景

01 绘制如图9-95所示的背景矩形，为其填充0%（C:100、M:80、Y:0、K:20）、50%（C:77、M:55、Y:6、K:0）、100%（C:90、M:70、Y:0、K:0）的线性渐变色。

图9-95　绘制的背景矩形

02 绘制如图9-96所示的楼宇剪影对象，将其颜色填充为（C:89、M:73、Y:8、K:0），并取消其外部轮廓。

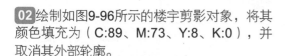

图9-96　绘制的楼宇剪影

03 使用矩形工具在剪影对象上绘制矩形，将其填充为"黄色"，并取消外部轮廓，然后按如图9-97所示对矩形进行复制并排列，以表现楼宇中的灯光效果。

图9-97　楼宇中的灯光效果

04 复制绘制的楼宇剪影和灯光对象，然后将复制的楼宇剪影对象的颜色填充为（C:93、M:87、Y:16、K:1），如图9-98所示。

图9-98　绘制的另一个楼宇剪影对象

05 对绘制的两个楼宇剪影对象进行排列组合，效果如图9-99所示。

图9-99　两个剪影对象的排列效果

06 将组合后的楼宇剪影对象群组，然后精确剪裁到背景矩形中，效果如图9-100所示。

图9-100　背景中的楼宇剪影对象

07 将绘制好的卡通造型移动到背景矩形上，并按如图9-101所示调整其大小和位置。

图9-101　背景中的卡通造型效果

08 使用星形工具绘制锐度为85的四边星形，如图9-102所示。

09 在星形上绘制如图9-103所示的圆形。

图9-102　绘制的星形　图9-103　绘制的圆形

11 使用星形工具绘制锐度为50的五角星，如图9-105所示。

图9-105　绘制五角星

13 使用形状工具同时选择五角星中5个顶点上的节点，然后按Delete键将它们删除，此时的五角星形状如图9-107所示。

图9-107　编辑后的五角星形状

15 绘制如图9-109所示的圆形，将其颜色填充为（C:40、M:0、Y:0、K:0），并取消其外部轮廓，然后将星形与圆形居中对齐。

图9-109　绘制的圆形

10 将星形和圆形填充为"白色"，并取消其外部轮廓，然后移动到背景上，并按如图9-104所示进行复制和排列，以表现夜空中的星光效果。

图9-104　背景上的星光效果

12 选择星形，按Ctrl+Q组合键将其转换为曲线，然后使用形状工具选择该对象中的所有节点，再单击属性栏中的"转换直线为曲线"按钮，将所有直线转换为曲线，如图9-106所示。

图9-106　转换对象中的直线为曲线

14 将编辑后的五角星对象填充为"淡黄色"，并取消其外部轮廓，如图9-108所示。

图9-108　星形的填充效果

16 使用交互式透明工具为步骤15绘制的圆形应用如图9-110所示的射线透明效果，以表现星形发出的光晕效果。

图9-110　圆形的透明效果

17 将绘制好的星形和光晕对象群组，然后按如图9-111所示进行复制并排列，再修改部分星形对象的填充色，以表现夜空中星星闪烁的效果。

图9-111 背景中的星星效果

18 输入文本"Jack & Tom"，为其设置字体为Cooper Std Black，并将文字的颜色填充为（C:40、M:0、Y:0、K:0），如图9-112所示。

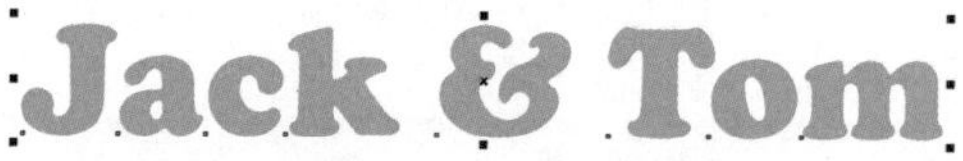

Jack & Tom

图9-112 输入的文字

19 选择文本对象，按Ctrl+K组合键将文本打散为单个的对象，如图9-113所示。

Jack & Tom

图9-113 打散文本对象

20 调整打散后各个文本对象的角度和字间距，使文本按如图9-114所示进行排列。

Jack & Tom

图9-114 各个文本对象的排列效果

21 同时选择所有文本对象，将它们复制，并将复制的文本的颜色填充为（C:80、M:0、Y:0、K:0），将它们调整到源文本对象下方，并调整它们的位置，如图9-115所示，制作文本的阴影效果。

Jack & Tom

图9-115 文本的阴影效果

22 在文本对象上绘制如图9-116所示的反光对象，将它们的颜色填充为（C:20、M:0、Y:0、K:0），并取消其外部轮廓，以增强文字的立体感。

Jack & Tom

图9-116 完成后的文字效果

23 将完成后的文本对象群组，然后移动到背景画面的左上角，并调整到适当的大小，如图9-117所示。

24 导入光盘\源文件与素材\第9章\素材\花纹.cdr文件，将花纹的颜色填充为（C:40、M:0、Y:0、K:0），然后将其移动到文字的下方，并按如图9-118所示调整其大小，至此，本实例制作完成。

图9-117 背景中的文字效果

图9-118 文字下方的花纹效果

举一反三 ┃ 酷 狗 ┃ ● ● ●

打开光盘\源文件与素材\第9章\源文件\酷狗.cdr文件，如图9-119所示，然后利用贝塞尔工具、椭圆形工具、形状工具、"将轮廓转换为曲线"命令等功能绘制该文件中的酷狗卡通造型。

图9-119 酷狗卡通造型

绘制中间一个酷狗的基本外形

刻画脸部细节

刻画手、脚和衣服细节

绘制另一只酷狗外形

刻画脸部细节

刻画其他细节

● 关键技术要点 ●

01 酷狗的基本外形是通过使用贝塞尔工具绘制完成的，在刻画酷狗脸部的表情纹理时，可先绘制出纹理的基本形状轮廓，然后将轮廓转换为对象，再使用形状工具将对象编辑为所需的形状即可，这样相对于直接使用贝塞尔工具绘制纹理对象更方便、快捷。

02 在填充酷狗中的领带对象时，可使用"图样填充"对话框对领带对象填充相应的双色图样即可。在设置填充参数时，需要调整图样的宽度和高度，以得到所需的图样填充效果。

03 在绘制左右两边的酷狗造型时，可以先绘制一个酷狗造型，再通过复制和水平镜像功能将绘制好的造型复制并镜像一个，然后在该造型的基础上进行调整，得到另一个不同的酷狗造型。

Example

18

● ● ● ●

情人节插画

情人节通常都给人一种浪漫、温馨和甜蜜的气氛，那么如何在插画中通过各种图形元素的组合来表现情人节这种特殊的心灵感受呢？

...绘制头部

...绘制围巾

...绘制女孩

...绘制男女组合

...绘制街道线条

18.1 效果展示

原始文件：Chapter 9\Example 18\情人节插画.cdr
最终效果：Chapter 9\Example 18\情人节插画.jpg
学习指数：★★★★

本实例中绘制的是一个漫画风格的情人节插画，画面中一对情人互拥在街灯下，指着一颗心形相互倾吐着心声，并通过背景画面中许多大小不等的心形的点缀，增强了画面的浪漫气氛。

18.2 技术点睛

漫画风格的动物或人物造型，并不要求对造型细节有过于细致的刻画，它要求的是一种随意、简洁、自然和涂鸦式的绘画方式，这也是漫画所特有的风格。

本实例中的人物造型非常简单，它主要通过线条和简单色块来表现人物细节，给人轻松暇意之感。

在绘制本实例时，读者应注意以下几个操作环节。

（1）在绘制人物的头发时，通过使用贝塞尔工具在头发对象上绘制开放式线条表现头发的层次细节。

（2）人物造型中的阴影效果是通过绘制阴影对象和线条轮廓的方式来表现的。围巾和男孩裤子中的纹路效果是通过绘制围巾和裤子对象，然后在围巾和裤子对象上绘制相应的纹路，再将纹路精确剪裁到对应的围巾和裤子中后得到的。

（3）马灯中黄色的灯光效果是通过为灯罩对象填充相应的射线渐变色后得到的。背景中的街道线描稿是结合使用贝塞尔工具和手绘工具来完成的。

18.3 步骤详解

绘制本实例的过程将分为3个部分。首先绘制插画中的男孩造型，然后绘制女孩造型，最后绘制情人节场景，以增强画面的节日氛围，突出插画的主题。下面一起来完成本实例的制作。

18.3.1 绘制男孩造型

01 绘制男孩的头发外形，为其填充从（C:14、M:38、Y:39、K:0）到（C:34、M:53、Y:4、K:0）的线性渐变色，设置适当的轮廓宽度后设置轮廓色为（C:53、M:81、Y:37、K:2），如图9-120所示。

02 绘制如图9-121所示的脸部和耳朵外形。

图9-120　绘制的头发外形

图9-121　绘制的脸部和耳朵外形

03 将脸部和耳朵对象的颜色填充为（C:2、M:16、Y:18、K:0），并为其设置与头发对象相同的轮廓属性，然后将它们调整到头发对象的下方，如图9-122所示。

图9-122　调整脸部和耳朵对象的排列顺序

05 为衣服和手臂填充"白色"，并设置与头发对象相同的轮廓属性。将左手臂对象调整到头发对象的下方，如图9-124所示。

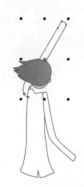

图9-124　调整左手臂对象的排列顺序

08 绘制如图9-127所示的左手对象。

09 将左手对象设置为与右手对象相同的填充色和轮廓属性，然后将其移动到左手臂的上方，并按如图9-128所示调整到适当的大小。

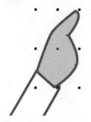

图9-127　绘制的左手　图9-128　左手在手臂上的效果

11 将长裤对象的颜色填充为（C:24、M:39、Y:1、K:0），并设置与头发对象相同的轮廓属性，然后将长裤对象调整到衣服对象的下方，如图9-130所示。

04 绘制如图9-123所示的衣服和手臂外形。

图9-123　绘制衣服和手臂对象

06 绘制如图9-125所示的右手外形，将其颜色填充为（C:2、M:16、Y:18、K:0），并设置与头发对象相同的轮廓宽度，然后将轮廓色设置为（C:36、M:85、Y:38、K:1）。

07 将右手对象移动到右手臂的下方，并调整到如图9-126所示的大小。

图9-125　绘制的右手　图9-126　右手在手臂上的效果

10 绘制如图9-129所示的长裤对象。

图9-129　绘制的长裤对象

12 绘制如图9-131所示的鞋子对象，将鞋子的颈部填充为"白色"，其他部位的颜色填充为（C:13、M:22、Y:20、K:0），并为它们设置与头发对象相同的轮廓属性。

图9-130　调整长裤对象的排列顺序

13 将鞋子对象移动到长裤的底部，并按如图9-132所示调整鞋子的大小。

图9-132　鞋子与人物外形的组合效果

15 绘制如图9-134所示的围巾对象，将它们的颜色填充为（C:19、M:4、Y:35、K:0），并为它们设置与头发对象相同的轮廓属性。

16 在围巾上绘制如图9-135所示的条纹对象。

图9-134　绘制的围巾　　图9-135　绘制围巾上
　　　　　对象　　　　　　　　　　的条纹

18 在衣服对象上绘制如图9-137所示的阴影对象，将其颜色填充为（C:22、M:15、Y:5、K:0），并取消其外部轮廓。

图9-131　绘制的鞋子对象

14 使用贝塞尔工具在男孩头发上绘制如图9-133所示的线条轮廓，将线条的轮廓色设置为（C:53、M:81、Y:37、K:2），并设置适当的轮廓宽度，以表现头发的层次。

图9-133　头发上的层次效果

17 将围巾上的条纹的颜色填充为（C:53、M:81、Y:37、K:2），并取消其外部轮廓，然后将条纹对象精确剪裁到对应的围巾对象中，效果如图9-136所示。

图9-136　将围巾条纹精确剪裁后的效果

19 使用贝塞尔工具在衣服对象上绘制如图9-138所示的线条，为线条设置适当的轮廓宽度，并将线条的轮廓色设置为（C:22、M:15、Y:5、K:0），以表现衣服上的琐碎阴影。

图9-137 绘制衣服上的阴影

图9-138 绘制衣服上的琐碎阴影

20 选择衣服上的阴影对象，将它们调整到围巾对象的下方，并为它们应用开始透明度为25的标准透明效果，如图9-139所示。

21 在长裤上绘制如图9-140所示的条纹对象，将它们的颜色填充为（C:62、M:64、Y:22、K:0），并为它们设置与长裤对象相同的轮廓属性。

图9-139 调整阴影对象的排列顺序

图9-140 绘制长裤上的条纹

22 将条纹对象分别精确剪裁到对应的长裤对象中，效果如图9-141所示。

23 在鞋子上绘制如图9-142所示的阴影对象，将它们的颜色填充为（C:21、M:37、Y:36、K:0），并取消其外部轮廓。

图9-141 条纹精确剪裁到长裤中的效果

图9-142 绘制鞋子上的阴影

24 绘制如图9-143所示的线条阴影，将线条的轮廓色设置为（C:21、M:37、Y:36、K:0），并设置适当的轮廓宽度。

25 将鞋子上的阴影对象调整到鞋子颈部的下方，如图9-144所示。

图9-143 绘制鞋子上的线条阴影

图9-144 调整阴影对象的排列顺序

18.3.2 绘制女孩造型

01 绘制女孩的头发外形，为其填充从（C:2、M:10、Y:43、K:0）到（C:3、M:6、Y:24、K:0）的线性渐变色，并设置与男孩头发对象相同的轮廓属性，如图9-145所示。

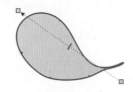

图9-145 绘制女孩的头发外形

02 在女孩发梢上绘制如图9-146所示的对象，将其颜色填充为（C:4、M:19、Y:43、K:0），并取消其外部轮廓，以表现头发上的阴影。

图9-146 发梢上的阴影效果

03 绘制女孩的头部和耳朵外形，将它们的颜色填充为（C:2、M:16、Y:18、K:0），并设置与头发对象相同的轮廓属性，如图9-147所示。

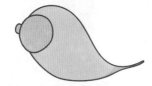

图9-147 绘制的头部和耳朵对象

04 将头部和耳朵对象调整到头发对象的下方，如图9-148所示。

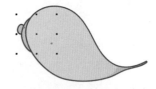

图9-148 调整头部和耳朵对象的排列顺序

05 绘制女孩的衣服和手臂对象，将它们的颜色填充为（C:16、M:35、Y:2、K:0），并设置与头发对象相同的轮廓属性，如图9-149所示。

图9-149 绘制的衣服和手臂对象

06 将女孩的右手臂对象调整到头发对象的下方，如图9-150所示。

图9-150 调整右手臂对象的排列顺序

07 绘制女孩的左手和右手对象，为它们设置与男孩手部对象相同的填充色和轮廓色，如图9-151所示。

图9-151 绘制的女孩左手和右手

08 然后将左手和右手分别放置在女孩的两个手臂上，效果如图9-152所示。

图9-152 左手和右手在手臂上的效果

10 绘制如图9-154所示的鞋子对象，将鞋子的颈部填充为"白色"，其他部位的颜色填充为（C:0、M:71、Y:40、K:0），并为它们设置与头发对象相同的轮廓属性。

09 绘制如图9-153所示的衣边、裙子和腿部对象，将衣边对象填充为"白色"、裙子对象的颜色填充为（C:1、M:71、Y:16、K:0），腿部对象的颜色填充为（C:2、M:16、Y:18、K:0），并为它们设置与头发对象相同的轮廓属性。

图9-153 绘制的衣边、裙子和腿部对象

图9-154 绘制的鞋子对象

11 将鞋子对象移动到女孩腿的底部，并调整到适当的大小，如图9-155所示。

图9-155 鞋子与女孩的组合效果

12 在女孩的头发上绘制如图9-156所示的线条轮廓，将线条的轮廓色设置为（C:53、M:81、Y:37、K:2），并为线条设置适当的轮廓宽度。

图9-156 绘制头发上的线条轮廓

13 按照绘制男孩围巾的方法绘制女孩的围巾，效果如图9-157所示。

图9-157 绘制的围巾效果

14 在衣服上绘制如图9-158所示的阴影对象，将其颜色填充为（C:11、M:54、Y:1、K:0），并取消其外部轮廓。

图9-158 绘制的衣服上的阴影

15 在衣服上绘制如图9-159所示的线条轮廓，将线条的轮廓色设置为（C:11、M:54、Y:1、K:0），并为它们设置适当的轮廓宽度，以表现衣服上的琐碎阴影。

16 将衣服上的阴影对象调整到围巾对象的下方，如图9-160所示。

图9-159　绘制衣服上的琐碎阴影

图9-160　调整阴影对象的排列顺序

17 在女孩的裙子、腿部和鞋子上绘制如图9-161所示的阴影对象。

18 为阴影对象填充相应的颜色，完成女孩造型的绘制，如图9-162所示。

图9-161　绘制裙子、腿部和鞋子上的阴影

图9-162　完成后的女孩造型

19 将女孩造型中的所有对象群组，然后与绘制好的男孩造型按如图9-163所示进行组合。

20 同时选择男孩造型中的右手臂、围巾和头发对象，将它们调整到最上层，如图9-164所示。

图9-163　组合女孩与男孩造型

图9-164　调整男孩对象中部分对象的排列顺序

18.3.3 绘制节日场景

01 绘制如图9-165所示的背景矩形，为其填充从（C:51、M:52、Y:2、K:0）到（C:2、M:21、Y:21、K:0）的线性渐变色，并取消其外部轮廓。

图9-165 绘制背景矩形

02 绘制马灯的灯座对象，将它们的颜色填充为（C:71、M:65、Y:0、K:0），并设置轮廓色为（C:36、M:85、Y:38、K:1），然后调整轮廓的宽度，如图9-166所示。

图9-166 绘制马灯的灯座

03 绘制马灯的灯杆，为其设置与灯座对象相同的填充色和轮廓属性，如图9-167所示。

04 绘制如图9-168所示的灯座阴影对象和线条轮廓。

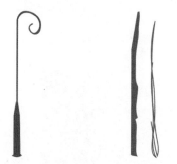

图9-167 绘制的灯杆 图9-168 绘制的阴影对象

05 将阴影对象的填充色和线条的轮廓色都设置为（C:65、M:59、Y:0、K:0），然后将它们移动到灯座上，并调整到适当的大小，以表现灯座上的明暗层次，如图9-169所示。

图9-169 灯座上的阴影效果

06 绘制如图9-170所示的灯罩对象，将它们设置为与灯座对象相同的填充色和轮廓色。

图9-170 绘制的灯罩外形

07 绘制如图9-171所示的内部灯罩外形，为其填充从"白色"到（C:1、M:14、Y:96、K:0）的线性渐变色，并为其设置与灯罩对象相同的轮廓属性。

图9-171 绘制的内部灯罩外形

08 将内部灯罩对象调整到如图9-172所示的顺序排列，以表现灯罩中的灯光效果。

图9-172　调整对象的排列顺序

10 在灯盖上绘制如图9-174所示的线条，将线条的轮廓色设置为（C:65、M:59、Y:0、K:0），为它们设置适当的轮廓宽度，以表现灯盖上的阴影。

图9-174　绘制灯盖上的阴影

12 使用贝塞尔工具和手绘工具绘制如图9-176所示的街道线描稿，将线描稿中的线条轮廓色和对象填充色都设置为（C:6、M:63、Y:20、K:0）。

图9-176　绘制的街道线描图

14 绘制如图9-178所示的星形，颜色填充为（C:57、M:68、Y:1、K:0），并取消其外部轮廓。

15 将步骤14绘制的星形复制两份，将复制的一个星形的颜色填充为（C:38、M:65、Y:3、K:0），另一个星形的颜色填充为（C:33、M:62、Y:20、K:0），然后将3个星形按如图9-179所示排列在背景画面中。

09 在灯罩上方绘制如图9-173所示的装饰物外形，将其颜色填充为（C:4、M:60、Y:3、K:0），并为其设置与灯罩对象相同的轮廓属性。

图9-173　绘制马灯上的装饰物

11 将绘制好的马灯对象群组，然后移动到灯杆的挂钩处，并调整到适当的大小，如图9-175所示。

图9-175　灯杆与马灯对象的组合效果

13 将线描稿移动到背景矩形中，并调整到适当的大小，如图9-177所示。

图9-177　背景中的线描稿效果

16 选择马灯对象，按Ctrl+PageUp组合键将其调整到最上层，如图9-180所示。

17 绘制如图9-181所示的星形，按从上到下的顺序分别将星形填充为（C:2、M:18、Y:30、K:0）、（C:1、M:49、Y:17、K:0）、（C:36、M:70、Y:1、K:0）、（C:2、M:79、Y:10、K:0）和"黑色"。

图9-178　绘制的
　　　　星形　　　　图9-179　背景画面中的
　　　　　　　　　　　　　　星形效果　　　　图9-180　调整马灯
　　　　　　　　　　　　　　　　　　　　　　　　　　对象到最上层　　图9-181　绘制的
　　　　　　　　　　　　　　　　　　　　　　　　　　　　　　　　　　　　　　　星形

18 将绘制好的星形分别移动到背景画面中，按如图9-182所示进行排列。将"黑色"的星形填充为"白色"，并取消其外部轮廓。将其他星形的轮廓色设置为"白色"，并设置适当的轮廓宽度。

19 在白色的星形边缘绘制如图9-183所示的线条，将线条的轮廓色设置为"白色"，并设置适当的轮廓宽度。

图9-182　背景画面中的星形

图9-183　星形边缘的线条效果

20 在其中一个星形下方绘制如图9-184所示的圆形。

21 将其圆形填充为"白色"，并取消其外部轮廓，然后为该对象应用如图9-185所示的射线透明效果。

图9-184　绘制的圆形

图9-185　圆形的射线透明效果

22 将应用透明效果的圆形复制到其他两个星形上，并调整到星形的下方，然后按如图9-186所示调整它们的大小。

23 在背景画面顶部的星形周围绘制随意排列的圆形，将它们填充为"白色"，并取消其外部轮廓，以表现天空中的繁星效果，如图9-187所示。

图9-186　复制并调整后的圆形

图9-187　绘制的繁星效果

24 使用手绘工具随意绘制如图9-188所示的
线条，将它们的颜色填充为（C:82、M:82、
Y:2、K:0）和"白色"，并应用开始透明度
为69的标准透明效果。

图9-188　绘制的线条效果

26 选择背景顶部的星形和对应的透明圆形，
将它们调整到最上层，如图9-190所示。

图9-190　调整对象的排列顺序

28 将绘制的文字移动到白色的星形上，并调
整到适当的大小，如图9-192所示。

图9-192　星形上的文字效果

25 将所有线条群组，然后移动到背景画面的顶
部，并按如图9-189所示调整线条的整体大小。

图9-189　背景中的线条效果

27 使用手绘工具绘制文字"I Love You"，
将轮廓色设置为（C:17、M:82、Y:16、K:0），
并设置适当的轮廓宽度，效果如图9-191所示。

I Love You

图9-191　绘制的文字

29 将男孩和女孩造型群组，然后移动到背景
画面中，并按如图9-193所示调整其大小和位
置，完成本实例的制作。

图9-193　完成的插画效果

举一反三 | 酒吧场景

打开光盘\源文件与素材\第9章\源文件\酒吧场景.cdr文件，如图9-194所示，然后利用贝塞尔工具、椭圆形工具、形状工具、"再制"命令和"图框精确剪裁"命令绘制该文件中的酒吧场景效果。

图9-194 酒吧场景效果

绘制脸部细节

绘制第2个女郎外形

绘制第3个女郎外形

绘制酒瓶

绘制酒吧座椅

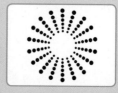

绘制放射状的圆形图案

○ 关键技术要点 ○

01 在绘制女郎半透明的裙子花边时，首先绘制出裙子的花边对象，然后为该对象应用相应开始透明度的标准透明效果，再在花边上绘制线条轮廓，以表现花边的褶皱效果即可。

02 在绘制香槟玻璃杯时，首先绘制出组成玻璃杯的各个对象，然后为对应的对象应用不同程度的标准透明效果，以表现玻璃杯的半透明和反光效果。

03 在绘制背景中放射状的圆形图案时，首先绘制出其中一组圆形图案中起始和结束位置处的两个不同大小的圆形，然后使用交互式调和工具在这两个圆形之间创建步长为4的调和效果，再单击属性栏中的"对象和颜色加速"按钮，在弹出的"加速"面板中拖动"对象"滑块，使调和对象之间保持相当的间距。在绘制好其中一个调和对象后，按照复制并再制对象的方法制作放射状的圆形图案。

读书笔记

第10章

The 10th Chapter

>>>

绘制风景插画

　　在进行动漫创作时，经常会遇到风景类场景的设计。创作者通常会根据动漫情节的需要为其设计并绘制出适合的风景场景，如城市街道风景、乡村风景、大自然风景等，以起到丰富画面和渲染气氛的作用。

Example

19

● ● ● ● ●

绘制海滨风景

下面将通过绘制一个夕阳下的海滨风景插画，使读者掌握绘制海上风景以及表现海天一色这类壮观景色的方法。

...波光和沙粒　　　...小岛　　　...饮品

...椰树树干　　　...椰树树枝　　　...海鸥

19.1　效果展示

原始文件：Chapter 10\Example 19\绘制海滨风景.cdr
最终效果：Chapter 10\Example 19\绘制海滨风景.jpg
学习指数：★★★★

夕阳下，海天一色、波光粼粼的海面上海鸥在飞翔，海岸边的椰子树叶被海风吹得微微舞动，享受完日光浴的游客在海边的楼台上喝着冰凉的饮品，闲暇地欣赏着海面上的日落美景，这该是怎样的一幅画面啊！

19.2　技术点睛

在绘制本实例时，操作上难度最大的要属海面上波光粼粼的效果和沙滩上的沙粒了。闪烁的波光和为数众多的沙粒都是通过细小的对象组合而成的，怎样才能方便、快捷地绘制这些细小的对象呢？读者在绘制这些效果之前，需要找到一个方便快捷的方法，以免浪费时间。

在绘制本实例时，读者应注意以下几个操作环节。

（1）海天一色的效果是通过为对象填充相应的线性渐变色来得到的。

（2）海面上闪烁的波光效果和沙滩上的沙粒都是通过使用艺术笔工具中的书法笔触一笔一笔地绘制完成的。在绘制过程中，读者应根据波光的发散程度适当调整艺术笔工具的宽度，绘制出疏密有致的笔触对象，使完成后的波光效果更加自然。

（3）椰树干上斑驳的树皮效果是通过在树干对象上绘制多种不同颜色层次的对象来表现的。椰树叶是通过为对象填充相应的线性渐变色实现的。

19.3　步骤详解

在绘制本实例时，可以按照由远及近的方式来完成。首先绘制出海滨的远景，包括海平面、沙滩和远处的小岛，然后再绘制出近处的楼台、楼台上的饮品和海岸上的椰树。下面一起来完成本实例的制作。

19.3.1　绘制海滨远景

01 使用矩形工具绘制如图10-1所示的3个矩形。

02 分别为矩形填充线性渐变色，其中最上面矩形的颜色设置为0%（C:50、M:87、Y:0、K:0）、29%（C:15、M:80、Y:38、K:0）、55%（C:0、M:70、Y:78、K:0）、100%（C:0、M:12、Y:53、K:0），以表现海平面上的天空效果；中间矩形的颜色设置为0%（C:70、M:100、Y:0、K:0）、44%（C:0、M:70、Y:72、K:0）、100%（C:0、M:0、Y:40、K:0），以表现海平面效果；最下面矩形的颜色设置为0%（C:7、M:24、Y:48、K:0）、100%（C:7、M:11、Y:42、K:0），以表现海滩效果，如图10-2所示。

图10-1　绘制的背景矩形

图10-2　矩形的填充效果

03 选择艺术笔工具 🖉 ，在属性栏中选择书法笔刷 🖊 ，并设置相应的艺术笔工具宽度，在海滩上短距离地拖动鼠标，绘制如图10-3所示的笔触。

图10-3　绘制的书法笔触

04 将这些笔触对象的颜色填充为（C:0、M:25、Y:60、K:25），并取消其外部轮廓，以表现沙滩上的沙粒效果，如图10-4所示。

05 在沙滩与海平面的交界处绘制如图10-5所示的对象，将其填充为"白色"，并取消其外部轮廓，以表现沙滩上的波浪效果。

图10-4　为笔触填色后的效果

图10-5　绘制的波浪对象

06 按照绘制沙粒的方法，在海平面上绘制如图10-6所示的笔触对象，以表现海平面上波光粼粼的效果。将组成最远处波光的所有笔触对象的颜色填充为（C:0、M:20、Y:100、K:0），组成近处两条波光的所有笔触对象填充为"白色"，并取消所有笔触对象的外部轮廓。

图10-6　海面上的波光效果

07 绘制如图10-7所示的小岛外形，为其填充从（C:41、M:36、Y:73、K:0）到（C:25、M:23、Y:73、K:0）的线性渐变色，并取消其外部轮廓。

08 在小岛上绘制如图10-8所示的多个对象，将它们的颜色填充为（C:48、M:45、Y:78、K:2），并取消其外部轮廓，以表现小岛中的颜色层次。

图10-7　绘制的小岛外形

图10-8　绘制表现山体的层次对象

09 继续在小岛上绘制如图10-9所示的两个对象，将它们的颜色填充为（C:8、M:13、Y:48、K:11），并取消其外部轮廓。

10 将小岛上的所有对象群组，然后精确剪裁到小岛对象中，完成的效果如图10-10所示。

图10-9　绘制的对象

图10-10　对象的精确剪裁效果

11 将绘制好的小岛对象移动到海平面与天空的交界处，并调整到适当的大小，如图10-11所示。

12 将山体对象复制一份到左边相应的位置，并缩小到一定的大小，如图10-12所示。

图10-11　海面上的山体效果

图10-12　复制山体对象

19.3.2　绘制海滨近景

01 绘制如图**10-13**所示的楼台外形。

02 将楼台填充为"白色",绘制如图**10-14**所示的楼台背光面。

图10-13　绘制的楼台外形

图10-14　绘制的楼台背光面

03 将楼台背光面的颜色填充为（C:6、M:6、Y:0、K:15）。将绘制好的楼台对象群组,并取消它们的外部轮廓,然后移动到画面的右下角,如图**10-15**所示。

04 绘制如图**10-16**所示的左半部分玻璃杯外形对象。

图10-15　海岸上的楼台效果

图10-16　绘制的玻璃杯左半部分外形

05 将玻璃杯左半部分外形对象复制并水平镜像到右边,如图**10-17**所示。

06 同时选择两个玻璃杯对象,单击属性栏中的"焊接"按钮,得到如图**10-18**所示的完全对称的玻璃杯外形。

图10-17　复制对象到右边

图10-18　玻璃杯对象的焊接效果

07 将绘制好的玻璃杯外形填充从（C:12、M:0、Y:4、K:0）到"白色"的线性渐变色，如图10-19所示。

08 取消玻璃杯对象的外部轮廓，然后在玻璃杯中绘制如图10-20所示的容积外形，为其填充从（C:33、M:0、Y:95、K:0）到（C:0、M:0、Y:25、K:0）的线性渐变色，并取消其外部轮廓，以表现饮料的色调效果。

图10-19　对象的填充效果

图10-20　绘制饮料的色调

09 使用椭圆形工具和贝塞尔工具绘制玻璃杯上的高光对象，将它们填充为"白色"，并取消其外部轮廓，如图10-21所示。

10 使用贝塞尔工具绘制玻璃杯中插着的吸管效果，将吸管对象的轮廓色分别设置为（C:0、M:0、Y:40、K:0）和（C:91、M:91、Y:0、K:0），并设置适当的轮廓宽度，如图10-22所示。

图10-21　绘制的玻璃杯上的高光

图10-22　绘制的吸管

11 使用椭圆形工具绘制如图10-23所示的同心圆。

12 将最大和最小的同心圆填充为"■红色"，并取消所有圆形的外部轮廓，如图10-24所示。

13 在同心圆下方绘制如图10-25所示的对象。

图10-23　绘制的同心圆

图10-24　圆形的颜色

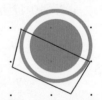

图10-25　绘制的对象

14 使用该对象分别修剪步骤13绘制的所有圆形，得到如图10-26所示的修剪效果。

15 在修剪后的半圆形对象上绘制如图10-27所示的对象。

16 然后将步骤15绘制的对象复制两份，并按如图10-28所示排列复制的对象。

图10-26　圆形的修剪效果

图10-27　绘制的对象

图10-28　对象的复制和旋转效果

17 使用步骤16中的对象修剪半圆形对象，得到如图10-29所示的▮片效果。

18 在▮片上方制如图10-30所示的两个圆形，分别将大的圆形填充为"红色"，小的"圆形"填充为"黄色"，以表现▮片上的樱桃效果。

图10-29　橘片效果

图10-30　绘制橘片上的樱桃

19 将绘制好的水果对象群组，然后移动到玻璃杯的右边杯口处，并按如图10-31所示调整水果对象的大小。

20 将绘制好的饮品对象群组，然后复制一份到如图10-32所示的位置，并调整到适当的大小。

图10-31　饮品效果

图10-32　制作另一个饮品对象

21 解散该饮品对象的群组状态，然后将吸管对象的轮廓色分别修改为（C:65、M:91、Y:0、K:0）和（C:20、M:91、Y:0、K:0），玻璃杯中的饮料颜色修改为从（C:11、M:91、Y:0、K:0）到"白色"的线性渐变色，如图10-33所示。

图10-33　修改饮料和吸管颜色

22 在两个玻璃杯下方绘制如图10-34所示的两个椭圆形，将它们的颜色填充为（C:6、M:6、Y:0、K:15），并取消其外部轮廓。

23 将两个椭圆形移动到玻璃杯的下方，作为玻璃杯的投影，如图10-35所示。

图10-34 绘制的椭圆形

图10-35 玻璃杯下方的阴影效果

24 绘制如图10-36所示的椰树干外形，将其颜色填充为（C:18、M:47、Y:95、K:16），并取消其外部轮廓。

25 复制树干对象，修改复制对象的填充色为（C:18、M:54、Y:95、K:43），然后在树干上绘制如图10-37所示的对象。

图10-36 绘制椰树干对象

图10-37 绘制用于修剪的对象

26 使用步骤25绘制的对象修剪复制的树干对象，得到如图10-38所示的斑驳边缘效果。

27 在树干上绘制类似于如图10-39所示外形的多个对象，为这些对象填充相应的颜色，以表现椰树干上斑驳的树皮效果。

图10-38 斑驳边缘效果

图10-39 绘制的纹理对象

28 将绘制好的椰树干对象群组，如图10-40所示。

29 将椰树干复制，并按如图10-41所示调整复制的椰树干对象的宽度和角度。

图10-40 椰树干中的斑驳树皮效果

图10-41 制作另一根椰树干

30 绘制如图10-42所示的多个椰树叶对象，为它们填充从（C:30、M:5、Y:100、K:0）到（C:77、M:31、Y:100、K:26）的线性渐变色，并适当改变不同树叶对象中渐变的边界和角度。

图10-42　绘制的椰树叶对象

31 将绘制好的椰树叶对象按如图10-43所示进行组合排列。

32 在椰树叶上绘制如图10-44所示的茎杆对象，将它们的颜色填充为（C:15、M:0、Y:70、K:0），并取消其外部轮廓。

图10-43　组合后的椰树叶效果

图10-44　绘制的椰树叶中的茎杆

33 在椰树叶下方绘制如图10-45所示的枝干对象，将其颜色填充为（C:18、M:47、Y:95、K:16），并取消其外部轮廓。

34 在枝干上绘制如图10-46所示的斑驳对象，将它们的颜色填充为（C:4、M:20、Y:56、K:0），并取消其外部轮廓。

图10-45　绘制的枝干对象

图10-46　绘制好的枝干效果

35 将绘制好的椰树枝干和椰树叶对象移动到椰树干的底端，并按如图10-47所示调整其大小。

36 单独选择椰树叶对象，将其复制一份到树干的左边，效果如图10-48所示。

图10-47　椰树枝与树干的组合效果

图10-48　复制的椰树叶对象

37 绘制如图10-49所示的海鸥对象，将其填充为"白色"。

38 采用复制和修剪对象的方法绘制如图10-50所示的翅膀对象，并将其填充为"黑色"。

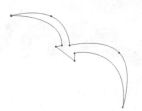

图10-49 绘制的海鸥外形

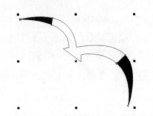

图10-50 修剪得到的海鸥翅膀效果

39 按照相同的绘制方法绘制另一种姿态的海鸥，如图10-51所示。

图10-51 绘制另一种姿态的海鸥对象

40 将绘制好的海鸥对象移动到画面中，并按如图10-52所示进行排列。

41 绘制一个与插画背景大小相同的矩形，然后将插画中的所有对象群组，并将它们精确剪裁到新绘制的矩形中，完成本实例的绘制，如图10-53所示。

图10-52 大海上空的海鸥排列效果

图10-53 完成后的海滨风景插画效果

　　插画可以应用的领域很广泛，除了用于自制插画外，还可以用于商业领域。商业插画由4部分组成，分别是广告商业插画、卡通吉祥物设计、出版物插图和影视游戏美术设计。

　　为企业或产品绘制插图，获得与之相关的报酬，作者放弃对作品的所有权，只保留署名权的商业买卖行为，即为商业插画。这种行为和我们以前了解的绘画是有本质区别的，艺术绘画作品在没有被个人或机构收藏之前，可以无限制地在各种媒体上刊载或展示，作者得到很小比例的费用。而商业插画只能为一个商品或客户服务，一旦支付费用，作者便放弃了作品的所有权，而相应得到比例较大的报酬，这和艺术绘画被收藏或拍卖的最终结果是相同的。但是，商业插画的使用寿命是短暂的，一个商品或企业在进行更新换代时，此幅作品即宣告消亡或终止宣传。从科学定义上来看，商业插画的结局似乎有点悲壮，但另一方面，商业插画在短暂的时间里迸发的光辉是艺术绘画不能比拟的。因为商业插画是借助广告渠道进行传播的，覆盖面很广，社会关注率比艺术绘画高出许多倍。例如，酸奶包装的数码插画因为画面精美，在两年的市场售卖中吸引消费者购买的数量超过4亿，设想一下，在下一个产品替代它之前的时间里，这个数量会成倍增加。有多少艺术绘画作品能在两年时间里被上亿人看到呢？这样的传播效果是艺术绘画无法比拟的。

举一反三｜湖泊风景

在学习完绘制海滨风景插画的方法后，打开光盘\源文件与素材\第10章\源文件\湖泊风景.cdr文件，如图10-54所示，然后利用贝塞尔工具、形状工具、交互式网格填充工具、交互式填充工具、交互式透明工具、"复制"命令和"垂直镜像"命令绘制该文件中的湖泊风景。

图10-54　湖泊风景插画效果

绘制湖面和天空

绘制山丘

绘制白云

绘制小舟

复制并镜像湖面以外的所有对象

为湖面对象应用透明效果

○ 关键技术要点 ○

01 在绘制天空和湖面时，使用交互式填充工具为这两个对象分别填充表现天空和湖面色彩的线性渐变色即可。

02 在绘制山丘时，首先绘制出各个山丘起伏的外形，然后为各个对象填充相应的线性渐变色和均匀色，以表现葱郁的山丘效果。

03 在绘制云朵时，将主要使用到交互式网格填充工具和交互式透明工具，通过在白色的云朵对象上填充不同层次的浅灰色表现云朵的立体空间感。

04 湖面上的倒影是通过将湖面上的所有对象复制，并垂直镜像到对应的位置，然后将湖面对象调整到最上层，并为该对象应用标准透明效果后得到的。

● ● ● ●

Example

20

绘制现代城市风景

在现代城市风景中，最具代表性的便是高楼林立的街道。一座座现代建筑体现的是一个城市的现代化进程。

...天空和路面

...楼宇剪影

...建筑物1

...建筑物2

...建筑物3

...绿化物

20.1　效果展示

原始文件：Chapter 10\Example 20\绘制现代城市风景.cdr
最终效果：Chapter 10\Example 20\绘制现代城市风景.jpg
学习指数：★★★★

高楼林立的大厦、宽敞的街道和绿化物的点缀，为大家展现了一个现代化城市中的一隅。

20.2　技术点睛

一座座造型现代的大厦、大量的楼层和窗格，在很多人看来很难绘制，其实只要掌握了绘制这类大厦的方法和技巧，就可以通过几步简单操作来轻松完成。

在绘制本实例时，读者应注意以下几个操作环节。

（1）路面上的地砖拼接效果是通过绘制线条来表现的。明亮的路面效果是通过为路面对象应用相应的标准透明效果，从而在路面中显示出建筑物的投影来表现的。

（2）在绘制楼宇剪影时，首先绘制其中一个楼宇剪影，然后复制该对象，并使用形状工具适当调整剪影的外形，再为剪影对象应用标准透明效果，最后将剪影对象组合排列，从而得到插画背景中高楼林立的效果。

（3）大楼中规则排列的众多楼层和窗格效果是通过绘制一个楼层或窗格对象，并为这些对象填充可以表现质感的颜色，然后通过再制这些对象的方法来制作完成的。读者只要掌握了绘制大楼的这一技巧，就可以举一反三地完成所有大厦外观的绘制。

20.3　步骤详解

绘制本实例的过程分为3个部分。首先简单绘制城市风景中的楼宇剪影，以表现城市远处高楼林立的效果，然后仔细绘制近处的城市建筑物，这一环节是本实例中的重点，最后绘制城市中的绿化物和马路，以得到一个完整的城市风景画面。下面一起来完成本实例的制作。

20.3.1　绘制楼宇剪影

01 绘制如图10-55所示的两个矩形。

02 将上方的矩形填充为从"白色"到（C:38、M:9、Y:0、K:0）的线性渐变色，下方的矩形填充为从（C:26、M:16、Y:7、K:1）到（C:9、M:5、Y:3、K:0）的线性渐变色，并取消它们的外部轮廓，如图10-56所示。

图10-55　绘制的背景矩形

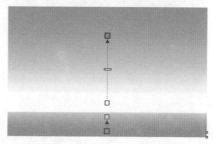

图10-56　矩形的填色效果

03 在下方矩形上绘制如图10-57所示的线条和"白色"对象,将线条的轮廓色设置为"白色",并设置适当的轮廓宽度,以表现路面地砖的透视效果。

图10-57 绘制的线条和白色对象

04 使用折现工具 ▲绘制如图10-58所示的楼宇剪影对象,将其颜色填充为(C:76、M:17、Y:2、K:0),并取消其外部轮廓。

05 复制楼宇剪影对象,并使用形状工具调整部分楼顶的外形,效果如图10-59所示。

图10-58 绘制的 楼宇剪影　　图10-59 绘制另一个 楼宇剪影

06 将步骤05绘制的楼宇剪影移动到背景画面上,按如图10-60所示调整其大小和位置,并为它们应用开始透明度为71的标准透明效果。

图10-60 剪影对象的排列效果

07 对楼宇对象进行复制,并按如图10-61所示进行排列,以产生群楼林立的剪影效果。

图10-61 插画中的群楼剪影效果

08 在背景画面的左边绘制如图10-62所示的两个楼宇剪影对象,将它们填充为与其他剪影对象相同的颜色,并为它们分别应用开始透明度为81和62的标准透明效果。

图10-62 绘制的另外两个楼宇剪影

09 使用矩形工具在剪影对象上绘制如图10-63所示的矩形对象。

图10-63 绘制的矩形

10 将矩形对象填充为"白色",并取消其外部轮廓,然后为它们应用开始透明度为54的标准透明效果,以表现从楼宇窗户中透出的灯光效果,完成后的整个楼宇剪影中的灯光效果如图10-64所示。

11 在楼宇上空绘制如图10-65所示的两个圆形,将它们填充为"白色",并取消其外部轮廓,然后为大的圆形应用开始透明度为77的标准透明效果,小的圆形应用开始透明度为63的标准透明效果,以表现夜空中的月光效果。

图10-64　楼宇中透出的灯光效果

图10-65　绘制夜空中的月光

20.3.2　绘制城市建筑物

01 绘制如图10-66所示的楼身外形。

02 为楼身填充0%（C:10、M:41、Y:56、K:2）、35%（C:5、M:18、Y:20、K:0）、74%（C:12、M:49、Y:71、K:2）、100%（C:24、M:64、Y:94、K:10）的线性渐变色，并取消其外部轮廓。复制该对象，缩小其宽度，并向上移动到如图10-67所示的位置，然后调整到下一层。

图10-66　绘制的　　图10-67　复制并调
楼体身形　　　　整后的对象

03 绘制如图10-68所示的墙体对象，为其填充与楼体对象相同的线性渐变色，并取消其外部轮廓。

图10-68　绘制的墙体对象

04 将墙体对象复制两份，并适当缩小对象的宽度，然后按照如图10-69所示进行排列。

图10-69　调整对象的宽度和位置

05 绘制如图10-70所示的椭圆形，将其颜色填充为（C:61、M:95、Y:95、K:21），并取消其外部轮廓。

图10-70　绘制的椭圆形

06 在椭圆形的下方绘制如图10-71所示的圆柱体对象，为其填充0%（C:36、M:67、Y:96、K:31）、46%（C:12、M:49、Y:71、K:2）、100%（C:36、M:67、Y:96、K:31）的线性渐变色，并取消其外部轮廓。

图10-71　绘制的圆柱体

07 绘制如图10-72所示的墙体装饰线条，将它们的颜色填充为（C:67、M:87、Y:90、K:32），并取消其外部轮廓。

08 然后为它们应用开始透明度为67的标准透明效果，如图10-73所示。

图10-72　绘制的墙体装饰线条

图10-73　墙体装饰线条对象的透明效果

09 复制下方墙体上的装饰线条，并将复制的线条按如图10-74所示进行排列。

10 结合使用矩形工具和形状工具绘制如图10-75所示的圆角矩形，并为其填充与墙体对象相同的线性渐变色，然后取消其外部轮廓。

图10-74　复制并排列后的线条效果

图10-75　绘制的圆角矩形

11 选择该圆角矩形对象，将其调整到所有墙体对象的下方，如图10-76所示，以表现大楼的尖顶。

12 将绘制的楼顶对象群组，并与前面绘制好的楼身对象进行如图10-77所示的组合。

图10-76　大楼的尖顶效果

图10-77　楼顶与楼身的组合效果

13 在楼身上绘制如图10-78所示的装饰线条，将它们的颜色填充为（C:67、M:87、Y:90、K:32），并取消其外部轮廓。

14 为楼身上的装饰线条应用开始透明度为67的标准透明效果，如图10-79所示。

图10-78 绘制楼身上的装饰线条

图10-79 对象的透明效果

15 绘制如图10-80所示的两个对象，将左边的对象填充为从（C:29、M:16、Y:24、K:3）到（C:43、M:35、Y:35、K:16）的线性渐变色，右边的对象填充为从（C:9、M:5、Y:3、K:0）到（C:9、M:5、Y:3、K:0）的线性渐变色，以表现另一栋大楼的楼体效果。

16 在右边的楼体对象上绘制如图10-81所示的对象，将其颜色填充为（C:25、M:23、Y:24、K:0），并取消其外部轮廓。

图10-80 绘制的另一栋大楼的楼体

图10-81 绘制的对象

17 按住Ctrl键在垂直方向上将步骤16绘制的对象复制一份到如图10-82所示的位置。

18 连续按Ctrl+D组合键再制该对象，以表现大楼的楼层效果，如图10-83所示。

图10-82 复制对象到指定位置

图10-83 大楼的楼层效果

19 使用同样的方法绘制左边楼体上的楼层效果，如图10-84所示。

20 在左边楼体上绘制如图10-85所示的矩形。

图10-84　左边楼体的楼层效果

图10-85　绘制的矩形

21 将矩形的颜色填充为（C:9、M:5、Y:3、K:0），并取消其外部轮廓，如图10-86所示。

22 利用再制对象的方法再制该对象，完成左边楼层效果的绘制，如图10-87所示。

图10-86　矩形的颜色

图10-87　完成后的大楼效果

23 绘制如图10-88所示的两个对象，将左边的对象填充为从（C:38、M:14、Y:3、K:0）到（C:85、M:35、Y:7、K:0）的线性渐变色，右边的对象填充为从（C:80、M:25、Y:8、K:2）到（C:54、M:24、Y:6、K:0）的线性渐变色，并取消它们的外部轮廓，以表现第3栋大楼的楼体效果。

24 采用绘制对象并再制对象的方法，在右边的楼体对象上绘制如图10-89所示的线条效果。

图10-88　绘制的楼体效果　图10-89　绘制的线条效果

25 绘制如图10-90所示的两个线条对象，将左边的对象填充为从（C:67、M:25、Y:5、K:1）到（C:94、M:52、Y:29、K:16）的线性渐变色，右边的对象填充为从（C:14、M:5、Y:4、K:0）到（C:42、M:11、Y:1、K:0）的线性渐变色，并取消它们的外部轮廓。

26 群组这两个对象，然后利用再制对象的方法完成大楼外形的绘制，效果如图10-91所示。

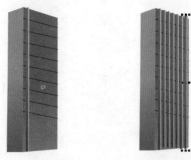

图10-90　线条组合效果　图10-91　再制后的线条效果

27 将前面绘制的3栋大楼对象分别群组，然后按如图10-92所示进行排列。

图10-92　大楼的排列效果

29 为黑色对象应用开始透明度为76的标准透明效果，以表现两栋大楼之间的阴影，如图10-94所示。

30 绘制如图10-95所示的两个楼体对象，将左边的楼体对象填充为从（C:9、M:5、Y:3、K:0）到（C:9、M:5、Y:3、K:0）的线性渐变色，右边的楼体对象填充为从（C:9、M:5、Y:3、K:0）到（C:9、M:5、Y:3、K:0）的线性渐变色，并取消它们的外部轮廓。

31 绘制左上角处的楼体对象，为其填充从（C:21、M:36、Y:90、K:7）到（C:13、M:22、Y:44、K:3）的线性渐变色，并取消其外部轮廓，如图10-96所示。

图10-96　绘制左上角处的楼体

33 在楼体凸出部位上方绘制如图10-98所示的两个线条对象，将其颜色填充为（C:72、M:44、Y:42、K:2），并取消其外部轮廓。

28 在右边的两栋大楼之间绘制如图10-93所示的一个黑色对象。

图10-93　绘制的黑色对象

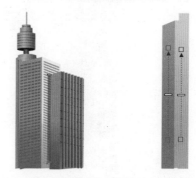

图10-94　大楼之间的阴影效果　图10-95　绘制的楼体

32 绘制楼体凸出部分的外形，将它们填充为0%（C:40、M:20、Y:16、K:3）、55%（C:13、M:7、Y:5、K:0）、100%（C:28、M:15、Y:11、K:2）的线性渐变色，并取消它们的外部轮廓，如图10-97所示。

图10-97　绘制楼体凸出部分的外形

34 利用再制功能分别复制这两个对象，得到如图10-99所示的大楼外观效果。

图10-98　绘制的线条对象

图10-99　大楼的外观效果

35 在大楼右侧绘制如图10-100所示的矩形对象，为其填充从（C:5、M:24、Y:59、K:0）到（C:2、M:9、Y:22、K:0）的线性渐变色，并取消其外部轮廓，以表现大楼另一面的墙体。

36 在大楼顶部绘制如图10-101所示的两个矩形，将它们的颜色填充为（C:39、M:71、Y:96、K:2），并取消其外部轮廓。

图10-100　绘制的另一面墙体

图10-101　绘制的矩形

37 利用再制功能制作大楼中的楼层分布效果，如图10-102所示。

38 选择再制的所有矩形，将它们调整到如图10-103所示的排列顺序。

图10-102　楼层分布效果

图10-103　完成的大楼效果

39 绘制如图10-104所示的两个墙面对象，将左边的对象填充为从（C:21、M:36、Y:90、K:7）到（C:13、M:22、Y:44、K:3）的线性渐变色，右边的对象填充为从（C:12、M:20、Y:40、K:2）到（C:6、M:9、Y:16、K:0）的线性渐变色，并取消它们的外部轮廓。

图10-104　绘制的两面墙体

40 复制步骤39绘制的两个对象，然后适当将其放大，并放置在如图10-105所示的位置。

图10-105　复制墙体

42 绘制大楼的尖顶，为其填充从（C:12、M:20、Y:40、K:2）到（C:6、M:9、Y:16、K:0）的线性渐变色，并取消其外部轮廓，如图10-107所示。

图10-107　绘制的大楼尖顶

44 绘制如图10-109所示的圆形，为其填充从（C:89、M:42、Y:9、K:2）到（C:65、M:0、Y:0、K:0）的射线渐变色，并取消其外部轮廓，以表现大楼的球体外形。

图10-109　绘制的圆形

41 绘制如图10-106所示的矩形，为其填充从（C:20、M:23、Y:76、K:0）到（C:9、M:10、Y:31、K:0）的线性渐变色，并取消其外部轮廓，以表现另一面墙体效果。

图10-106　绘制的另一面墙体

43 将绘制的楼顶对象群组，然后移动到前面绘制的楼体顶部，调整到适当的大小，如图10-108所示。

图10-108　绘制好的大楼外观效果

45 绘制如图10-110所示的对象，为其填充0%（C:44、M:13、Y:2、K:0）、49%（C:15、M:5、Y:4、K:0）、100%（C:34、M:9、Y:2、K:0）的线性渐变色，并取消其外部轮廓，作为下半部分大楼外形。

图10-110　绘制下半部分大楼外形

46 利用贝塞尔工具和"焊接"命令绘制如图10-111所示的线条对象，为其填充从（C:40、M:20、Y:16、K:3）到（C:40、M:20、Y:16、K:3）的线性渐变色，并取消其外部轮廓。

图10-111　绘制的线条对象

48 在大楼底部绘制如图10-113所示的3个对象。

49 分别为它们填充0%（C:16、M:8、Y:5、K:0）、53%（白色）、100%（C:16、M:8、Y:5、K:0）的线性渐变色，并取消它们的外部轮廓，以表现这部分大楼的框架效果，如图10-114所示。

50 在步骤49绘制的对象下方绘制如图10-115所示的两个阴影对象，将它们的颜色填充为（C:96、M:71、Y:30、K:3），并取消其外部轮廓。

图10-115　绘制的阴影对象

52 在大楼下半部分的左侧绘制如图10-117所示的矩形，为其填充0%（C:16、M:8、Y:5、K:0）、53%（白色）、100%（C:16、M:8、Y:5、K:0）的线性渐变色。

53 将该矩形复制5份，并按如图10-118所示进行排列，以表现竖式方向上的框架效果。

图10-118　矩形的排列效果

47 将绘制的线条对象移动到大楼的球体上，并按如图10-112所示调整其大小和位置，以表现大楼表面的钢结构效果。

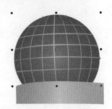

图10-112　大楼表面的钢结构效果

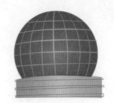 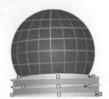

图10-113　绘制的对象　图10-114　对象的填充效果

51 然后为步骤50绘制的阴影对象应用开始透明度为83的标准透明效果，如图10-116所示。

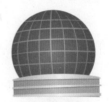

图10-116　对象的透明效果

图10-117　绘制的矩形

54 绘制如图10-119所示的矩形，为其填充与步骤53所绘制矩形相同的线性渐变色，取消其外部轮廓。

图10-119　绘制的矩形

55 利用再制功能复制该矩形，得到如图10-120所示的矩形排列效果。

图10-120　矩形的再制效果

56 将绘制并复制的所有矩形调整到如图10-121所示的排列顺序。

图10-121　调整矩形的排列顺序

57 结合使用矩形工具、"转换为曲线"命令和形状工具，绘制如图10-122所示的带有一定弧度的对象，并为其填充0%（C:16、M:8、Y:5、K:0）、53%（白色）、100%（C:16、M:8、Y:5、K:0）的线性渐变色，然后取消其外部轮廓。

58 将步骤57绘制的对象复制一份到如图10-123所示的位置。

59 同时选择刚绘制的两个对象，将它们调整到如图10-124所示的排列顺序。至此，球形建筑物的外观即绘制完成。

60 在球体建筑物上绘制如图10-125所示的3个圆形，将它们填充为"白色"，并按从大到小的顺序分别为圆形应用开始透明度为79、48和19的标准透明效果，以表现建筑物上的反光效果。

61 按照绘制大楼建筑物的相同方法绘制其他几栋大楼的外观效果，如图10-126所示。

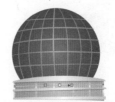 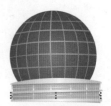

图10-122　绘制的对象　图10-123　对象的复制效果

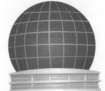

图10-124　调整对象的　　图10-125　绘制反光
　　　　排列顺序　　　　　　　　　对象

62 将绘制好的各栋大楼对象分别群组，然后按如图10-127所示排列在背景画面中。

图10-126　绘制其他几栋大楼

图10-127　背景画面中的大楼效果

20.3.3　绘制绿化物和马路

01 绘制如图10-128所示的植物外形，为其填充从（C:60、M:5、Y:76、K:0）到（C:87、M:9、Y:100、K:2）的线性渐变色，并取消其外部轮廓。

02 绘制如图10-129所示的3个对象，将其颜色填充为（C:85、M:14、Y:100、K:0），并取消其外部轮廓。

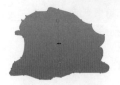

图10-128 绘制的植物外形

图10-129 绘制的对象

03 将绘制的对象移动到步骤01绘制的植物外形上，以表现植物上的叶片层次，如图10-130所示。

04 在植物上绘制如图10-131所示的对象，将其颜色填充为（C:35、M:1、Y:92、K:0），并取消其外部轮廓。

图10-130 植物中的颜色层次

图10-131 绘制的对象

05 为步骤04绘制的对象应用开始透明度为48的标准透明效果，同样用于表现植物中的叶片层次，如图10-132所示。

06 绘制如图10-133所示的草丛外形，为其填充从（C:60、M:5、Y:76、K:0）到（C:87、M:9、Y:100、K:2）的线性渐变色，并取消其外部轮廓。

图10-132 对象的透明效果

图10-133 绘制的草丛对象

07 在该对象上绘制如图10-134所示的对象，将其颜色填充为（C:85、M:14、Y:100、K:0），并取消其外部轮廓，以表现草丛的颜色层次。

图10-134 绘制另一颜色层次的草丛对象

08 将绘制的植物和草丛对象移动到大楼的底部，并按如图10-135所示进行排列。

09 调整部分植物对象的上下排列顺序，效果如图10-136所示。

图10-135 植物和草丛对象的排列效果

图10-136 调整部分植物对象的排列顺序

10 选择大楼下方的月亮投影对象，将其调整到最上层，如图10-137所示。

11 选择所有大楼和绿化物对象，将它们群组并复制，再垂直翻转，然后垂直移动到如图10-138所示的位置，以制作大楼和绿化物的倒影。

图10-137　调整月亮投影对象到最上层

图10-138　制作大楼和绿化物的倒影

12 选择画面中的路面地砖对象，将其复制，并将复制的对象调整到最上层，如图10-139所示。

图10-139　复制的路面地砖对象

13 单独选择路面对象，修改其填充色为从（C:44、M:29、Y:11、K:2）到（C:16、M:9、Y:7、K:0）的线性渐变色，如图10-140所示。

图10-140　修改路面颜色

14 选择路面中间的白色标志对象，修改其填充色为从（C:11、M:7、Y:4、K:0）到（C:32、M:20、Y:7、K:1）的线性渐变，如图10-141所示。

图10-141　修改标志对象的颜色

15 选择路面上用于表示地砖的线条对象，为其填充从（C:11、M:7、Y:4、K:0）到（C:32、M:20、Y:7、K:1）的线性渐变色，并注意调整渐变的边界和角度，如图10-142所示。

图10-142　修改地砖线条的颜色

16 分别为路面、标志和地砖线条对象应用开始透明度为33、8、30的标准透明效果，以表现路面的光泽度，如图10-143所示。

图10-143　路面的光泽度处理

17 选择插画中的所有对象，将它们群组，然后绘制一个适当大小的矩形，将插画中的所有对象精确剪裁到该矩形中，完成的效果如图10-144所示。至此，一幅高楼林立的现代城市风景插画即绘制完成。

图10-144　完成的城市风景插画

举一反三 | 海滨城市风景

打开光盘\源文件与素材\第10章\源文件\海滨城市风景.cdr文件，如图10-145所示，然后利用贝塞尔工具、形状工具、交互式填充工具、"复制"和"再制"命令绘制该文件中的海滨城市风景。

图10-145　海滨城市效果

绘制天空、湖面和草坪

绘制城市建筑物

绘制植物

绘制桥墩和路灯

绘制桥

绘制和平鸽

○ 关键技术要点 ○

01 将天空、湖面和草坪分别作为3个不同的对象，为它们填充相应的线性渐变色，来表现天空、湖面和草坪的基本色调。

02 在绘制城市建筑物时，首先绘制出大厦的基本外形，然后绘制一个楼层或窗格对象，再应用再制功能复制该对象，从而得到所需的大楼外观效果。

03 在绘制绿化植物时，首先绘制出植物的基本外形和基本色调，然后在基本外形上绘制其他不同形状的对象，并填充相应的颜色，从而表现植物中有深有浅的绿叶重叠效果。

04 在绘制立交桥时，可以分为3个部分来完成。首先绘制立交桥的桥面，然后绘制桥墩和路灯，最后绘制桥面上的标志线。在绘制桥面时，只需要根据桥面的分布层次为桥面对象填充相应的颜色突出桥的走向即可。在绘制桥墩时，通过为不同面上的桥墩对象填充不同深浅的灰色调，以表现桥墩的圆柱体效果。在绘制桥上的标志线时，首先使用贝塞尔工具绘制标志线，然后为线条填充相应的颜色即可。有些标志线需要填充线性渐变色的，可以将轮廓转换为对象后，再填充相应的渐变色即可。